学ぶ人は、変えてゆく人だ。

目の前にある問題はもちろん、

人生の問いや、社会の課題を自ら見つけ、

挑み続けるために、人は学ぶ。

「学び」で、少しずつ世界は変えてゆける。

いつでも、どこでも、誰でも、

学ぶことができる世の中へ。

旺文社

このドリルの特長と使い方

このドリルは,「文章から式を立てる力を養う」ことを目的としたドリルです。単元ごとに「理解するページ」と「くりかえし練習するページ」をもうけて,段階的に問題の解き方を学ぶことができます。

① 

式の立て方を理解するページです。式の立て方のヒントが載っていますので,これにそって問題の解き方を学習しましょう。
ヒントは段階的になっていますので,無理なくレベルアップできます。

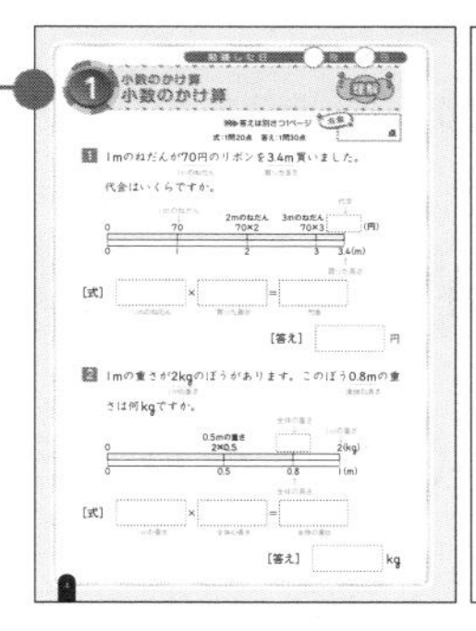

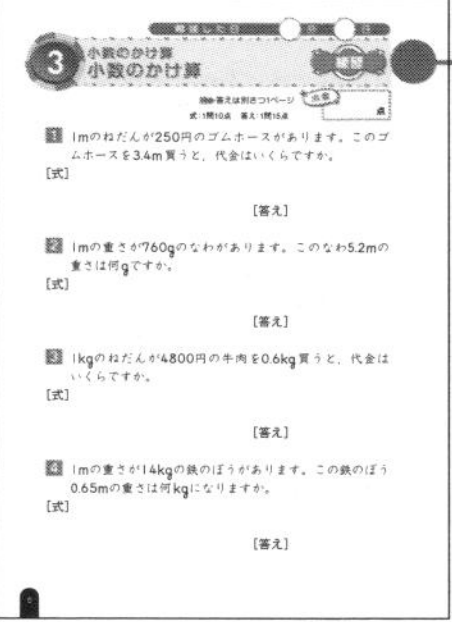

② 練習

「理解」で学習したことを身につけるために,くりかえし練習するページです。「理解」で学習したことを思い出しながら問題を解いていきましょう。

③ チャレンジ

間違えやすい問題は,別に単元を設けています。こちらも「理解」→「練習」と段階をふんでいますので,重点的に学習することができます。

もくじ

編集協力/有限会社マイプラン 服部由有 校正/株式会社ぷれす 装丁デザイン/株式会社しろいろ
装丁イラスト/おおの麻里 本文デザイン/ブラン・グラフ 大滝奈緒子 本文イラスト/西村博子

5年生 達成表 文章題名人への道！

ドリルが終わったら、番号のところに日付と点数を書いて、グラフをかこう。
80点を超えたら合格だ！まとめのページは全問正解で合格だよ！

	日付	点数	50点 合格ライン80点 100点	合格チェック
例	4/2	90		○
1				
2				
3				
4				
5				
6				
7				
8				
9				
10				
11				
12				
13				
14				
15				
16				
17				
18				
19				
20				
21				
22				
23				

	日付	点数	50点 合格ライン80点 100点	合格チェック
24				
25				
26				
27				
28				
29			全問正解で合格！	
30				
31				
32				
33				
34				
35				
36				
37				
38				
39				
40				
41				
42				
43				
44				
45				
46				
47				

この表がうまったら、合格の数をかぞえて右に書こう。

80～93個	りっぱな文章題名人だ！
50～79個	もう少し！文章題名人見習いレベルだ！
0～49個	がんばろう！一歩一歩，文章題名人をめざしていこう！

	日付	点数（50点／合格ライン80点／100点）	合格チェック
48		全問正解で合格！	
49			
50			
51			
52			
53			
54			
55			
56		全問正解で合格！	
57			
58			
59			
60			
61			
62			
63			
64		全問正解で合格！	
65			
66			
67			
68			
69			
70			
71			

	日付	点数（50点／合格ライン80点／100点）	合格チェック
72			
73			
74		全問正解で合格！	
75			
76			
77			
78			
79			
80			
81			
82			
83			
84			
85			
86			
87			
88			
89			
90			
91			
92			
93		全問正解で合格！	

1 小数のかけ算
小数のかけ算

▶▶▶答えは別さつ1ページ

式：1問20点　答え：1問30点

1 1mのねだんが70円のリボンを3.4m買いました。代金はいくらですか。

（70円：1mのねだん　3.4m：買った長さ）

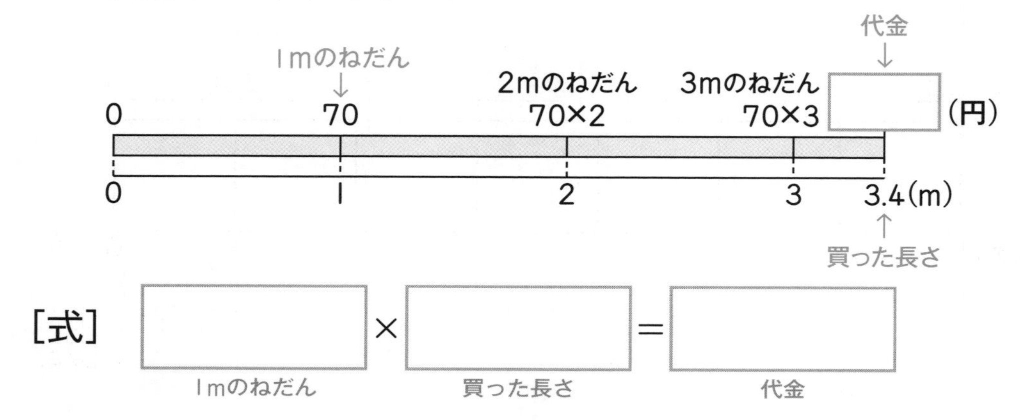

[式]　□ × □ ＝ □
（1mのねだん × 買った長さ ＝ 代金）

[答え]　□ 円

2 1mの重さが2kgのぼうがあります。このぼう0.8mの重さは何kgですか。

（2kg：1mの重さ　0.8m：全体の長さ）

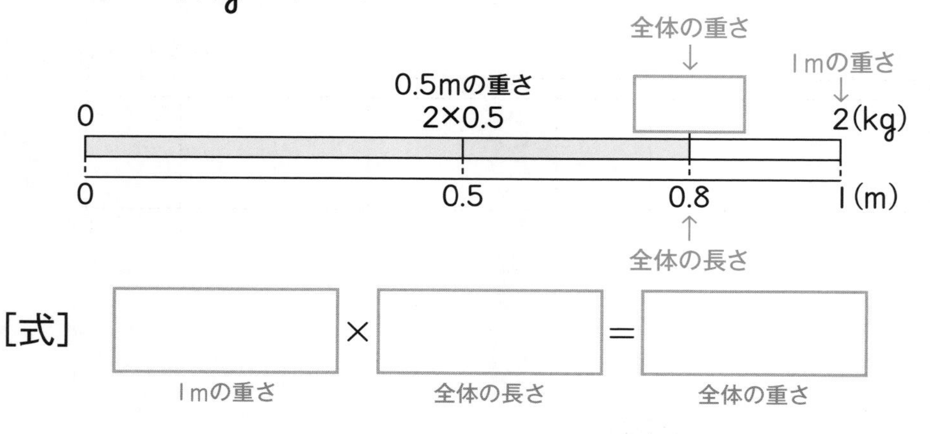

[式]　□ × □ ＝ □
（1mの重さ × 全体の長さ ＝ 全体の重さ）

[答え]　□ kg

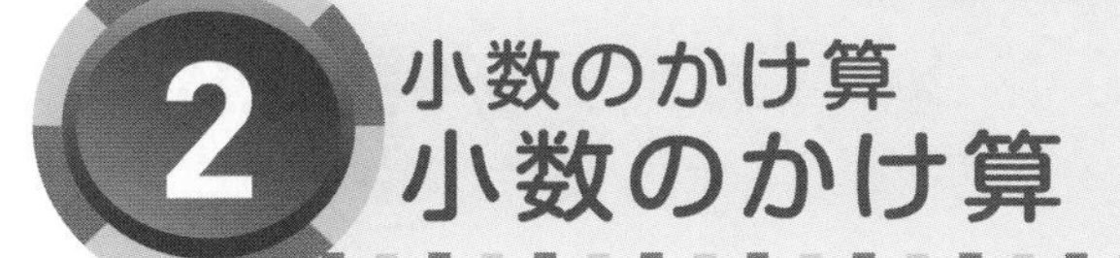

小数のかけ算

▶▶▶答えは別さつ1ページ

式：1問20点　答え：1問30点

1 1Lで5.6m²の板をぬることができるペンキがあります。
（1Lでぬることができる広さ）
このペンキ2.5Lでは何m²の板をぬることができますか。
（ペンキの量）

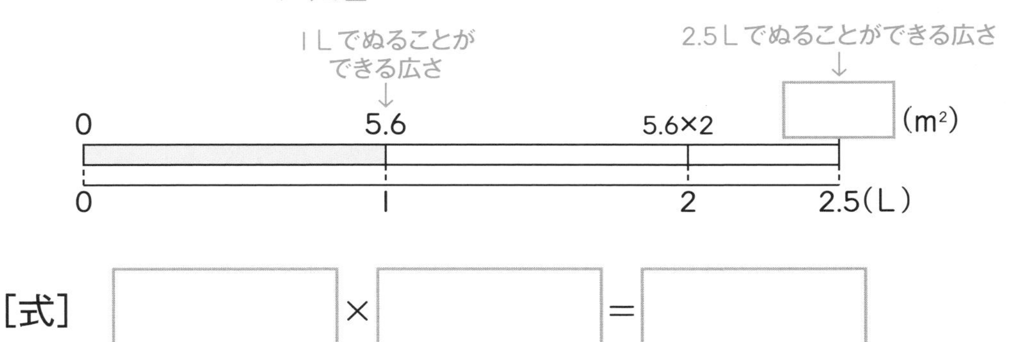

[式]　□ × □ ＝ □

[答え]　□ m²

2 1mの重さが1.4kgのパイプがあります。このパイプ
（1mの重さ）
0.85mの重さは何kgですか。
（パイプの長さ）

[式]　□ × □ ＝ □

[答え]　□ kg

3 小数のかけ算

小数のかけ算

▶▶▶答えは別さつ1ページ

式：1問10点　答え：1問15点

1 1mのねだんが250円のゴムホースがあります。このゴムホースを3.4m買うと，代金はいくらですか。

[式]

[答え]

2 1mの重さが760gのなわがあります。このなわ5.2mの重さは何gですか。

[式]

[答え]

3 1kgのねだんが4800円の牛肉を0.6kg買うと，代金はいくらですか。

[式]

[答え]

4 1mの重さが14kgの鉄のぼうがあります。この鉄のぼう0.65mの重さは何kgになりますか。

[式]

[答え]

4 小数のかけ算
小数のかけ算

答えは別さつ1ページ

点数　点

式：1問10点　答え：1問15点

1 1mの重さが6.3gのはり金があります。このはり金2.5mでは何gになりますか。

[式]

[答え]

2 アーモンド1kgには，カルシウムが2.1gふくまれています。アーモンド3.5kgには，カルシウムが何gふくまれていますか。

[式]

[答え]

3 1Lの重さが0.92kgの油0.4Lの重さは何kgですか。

[式]

[答え]

4 オレンジジュース1kgを作るのに，みかんを1.8kg使いました。このオレンジジュース0.7kgでは，みかんを何kg使ったことになりますか。

[式]

[答え]

小数のかけ算
小数倍①

▶▶▶答えは別さつ2ページ

点

式：1問20点　答え：1問30点

1 赤のリボンが8m（もとにする量），白のリボンが10m（比べられる量）あります。白のリボンの長さは，赤のリボンの長さの何倍ですか。

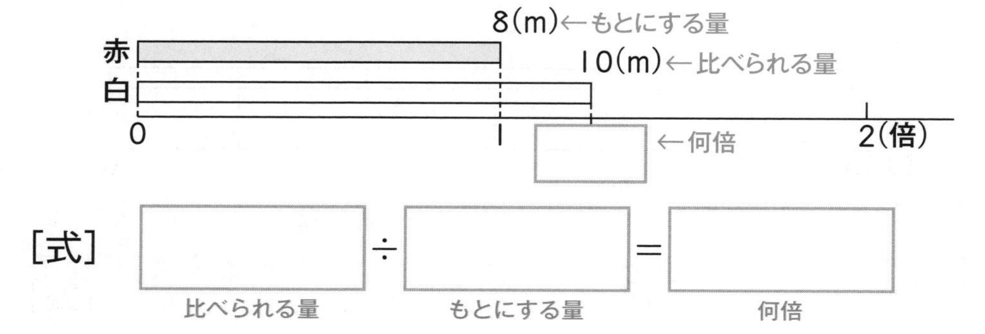

[式]　□÷□＝□
（比べられる量）（もとにする量）（何倍）

[答え]　□倍

2 しんじさんの家で飼っている犬の体重は11kg（比べられる量），ねこの体重は4kg（もとにする量）です。犬の体重は，ねこの体重の何倍ですか。

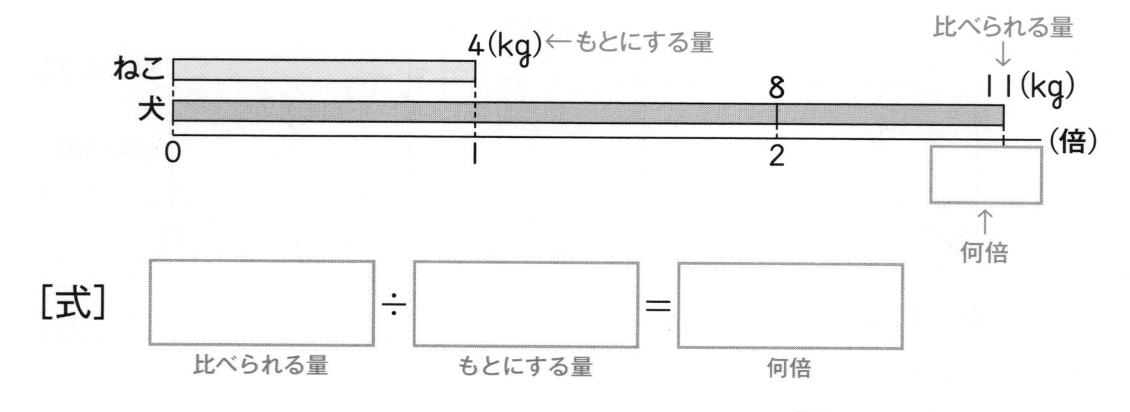

[式]　□÷□＝□
（比べられる量）（もとにする量）（何倍）

[答え]　□倍

6 小数のかけ算 小数倍①

▶▶▶答えは別さつ2ページ

点数　点

式：1問20点　答え：1問30点

1 絵はがきが5まい，切手が8まいあります。絵はがきの
（5まい：比べられる量，8まい：もとにする量）

まい数は，切手のまい数の何倍ですか。

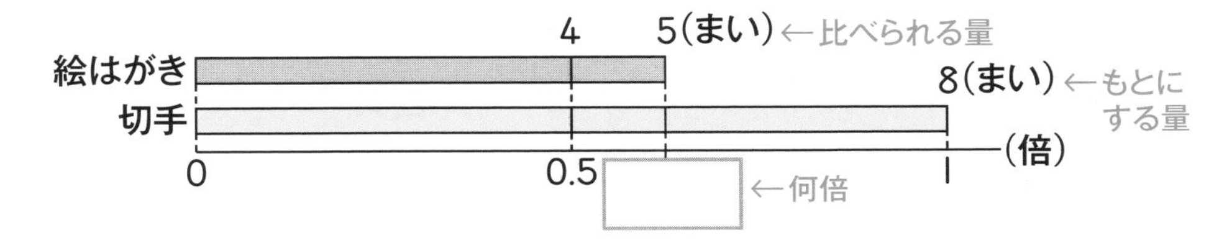

[式]　□ ÷ □ ＝ □

[答え]　□ 倍

2 ショートケーキ1個のねだんは300円，シュークリーム
（300円：もとにする量）

1個のねだんは120円です。シュークリームのねだんは，
（120円：比べられる量）

ショートケーキのねだんの何倍ですか。

[式]　□ ÷ □ ＝ □

[答え]　□ 倍

7 小数のかけ算 小数倍①

▶▶▶答えは別さつ2ページ

式：1問10点　答え：1問15点

1 ひろこさんの体重は32kg，お父さんの体重は72kgです。お父さんの体重は，ひろこさんの体重の何倍ですか。

[式]

[答え]

2 1980円のシャツと1200円のぼうしを買いました。シャツのねだんは，ぼうしのねだんの何倍ですか。

[式]

[答え]

3 あるりんご畑では，昨日は180個，今日は225個のりんごをとることができました。今日は昨日の何倍りんごをとることができましたか。

[式]

[答え]

4 庭のつばきの木の高さは2.4m，もみじの木の高さは3.72mです。もみじの木の高さは，つばきの木の高さの何倍ですか。

[式]

[答え]

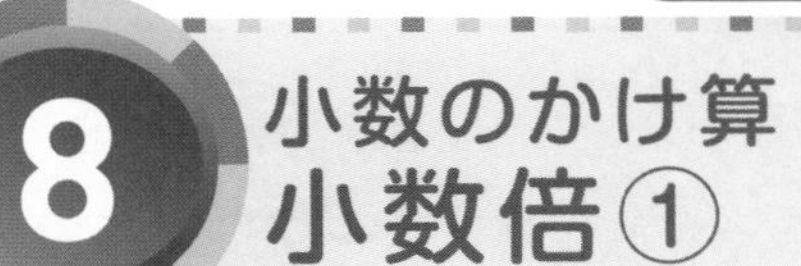

8 小数のかけ算 小数倍①

▶▶▶答えは別さつ2ページ

点数　　点

式：1問10点　答え：1問15点

1 たてが21cm，横が30cmの長方形の紙があります。この紙のたての長さは，横の長さの何倍ですか。

[式]

[答え]

2 L（エル）サイズのみかんの箱には，みかんが128個（こ），S（エス）サイズのみかんの箱には，みかんが96個入っています。Sサイズの箱に入っているみかんの個数は，Lサイズの箱に入っているみかんの個数の何倍ですか。

[式]

[答え]

3 重さが32kgの荷物A（エー）と，24kgの荷物B（ビー）があります。Bの重さはAの重さの何倍ですか。

[式]

[答え]

4 コピー用紙が95まい，画用紙が250まいあります。コピー用紙のまい数は，画用紙のまい数の何倍ですか。

[式]

[答え]

9 小数のかけ算 小数倍②

▶▶▶答えは別さつ2ページ

点数 点

式:1問20点　答え:1問30点

1 赤のテープが8mあります。青のテープは，赤のテープの4.5倍あります。青のテープは何mですか。

（8m：もとにする量　4.5倍：何倍）

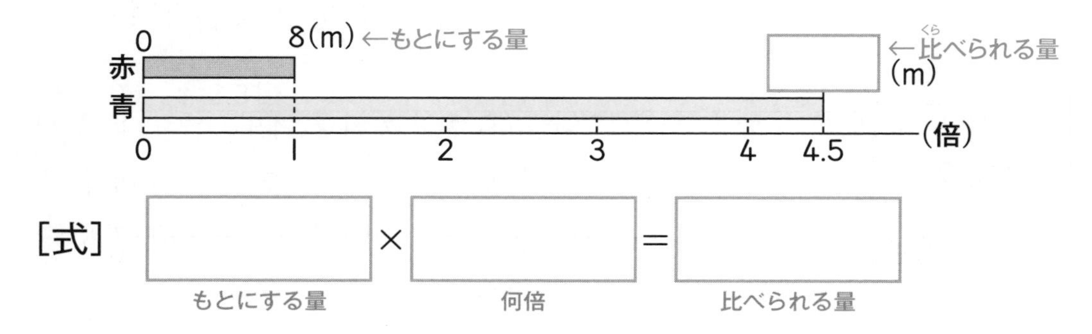

[式] □ × □ ＝ □
（もとにする量）（何倍）（比べられる量）

[答え] □ m

2 大，小2つのバケツがあります。小さいバケツには，水が4L入ります。大きいバケツには，小さいバケツの1.65倍入ります。大きいバケツには，何Lの水が入りますか。

（4L：もとにする量　1.65倍：何倍）

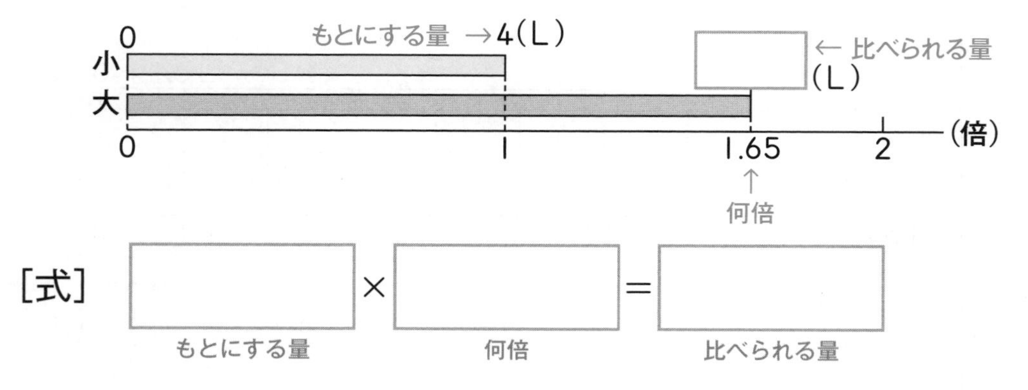

[式] □ × □ ＝ □
（もとにする量）（何倍）（比べられる量）

[答え] □ L

▶▶▶答えは別さつ3ページ

式：1問20点　答え：1問30点

1 お父さんの年令は45才（もとにする量）です。お兄さんの年令は，お父さんの0.4倍（何倍）です。お兄さんは何才ですか。

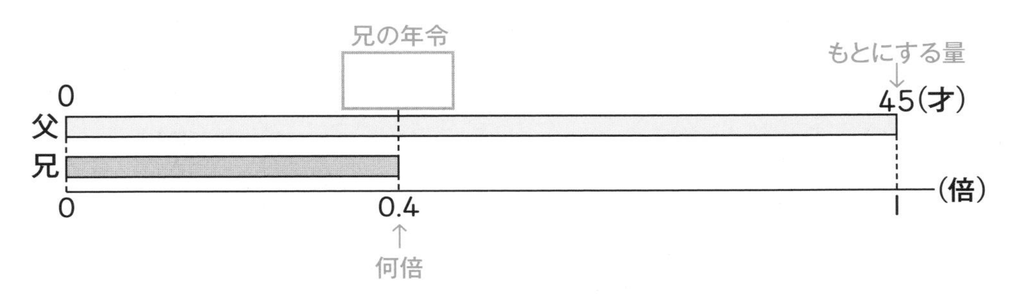

[式]　□ × □ ＝ □

[答え]　□ 才

2 かぼちゃと大根を買いました。大根の重さは900g（もとにする量）で，かぼちゃの重さは，大根の0.55倍（何倍）でした。かぼちゃは何gですか。

[式]　□ × □ ＝ □

[答え]　□ g

11 小数のかけ算 小数倍②

▶▶▶答えは別さつ3ページ

式:1問10点　答え:1問15点

1 オレンジジュースが3Lあります。ぶどうジュースは，オレンジジュースの2.1倍あります。ぶどうジュースは何Lありますか。

[式]

[答え]

2 太いはり金が15mあります。細いはり金は，太いはり金の1.45倍の長さがあります。細いはり金は何mありますか。

[式]

[答え]

3 あるお店では，のり弁当(べんとう)を360円で売っています。しゃけ弁当は，のり弁当の1.25倍のねだんで売っています。しゃけ弁当はいくらですか。

[式]

[答え]

4 駅から学校まで1.8kmあります。駅から公園までは，その1.2倍あります。駅から公園までは何kmありますか。

[式]

[答え]

12 小数のかけ算 小数倍②

練習

▶▶▶答えは別さつ3ページ

式：1問10点　答え：1問15点

1 ミルクあめが20個あります。コーヒーあめは，ミルクあめの0.85倍あります。コーヒーあめは何個ありますか。

[式]

[答え]

2 つよしさんが持っているサッカーボールの重さは445gあります。まさかずさんが持っている野球のボールの重さは，つよしさんが持っているサッカーボールの0.32倍です。まさかずさんが持っている野球のボールの重さは何gですか。

[式]

[答え]

3 お父さんの身長は178cmで，お母さんの身長は，お父さんの身長の0.9倍です。お母さんの身長は何cmですか。

[式]

[答え]

4 南町の公園の面積は12000m²で，池の面積は，公園の面積の0.18倍です。池の面積は何m²ですか。

[式]

[答え]

13 小数のわり算
小数のわり算①

▶▶▶答えは別さつ3ページ

点数 点

式：1問20点　答え：1問30点

1 リボンを1.5m買ったら，代金は210円でした。このリボン1mのねだんは何円ですか。

（1.5m：買った長さ　210円：代金）

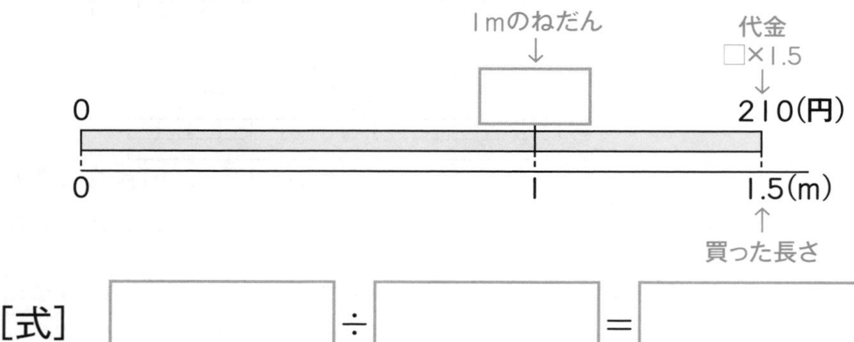

[式]　□ ÷ □ ＝ □
（代金）（買った長さ）（1mのねだん）

[答え]　□ 円

2 長さ2.5mで重さが6kgの鉄のぼうがあります。この鉄のぼう1mあたりの重さは何kgですか。

（2.5m：6kgの長さ　6kg：2.5mの重さ）

全体の重さ
□×2.5
←1mの重さ
0　□×2　6(kg)
0　1　2　2.5(m)
全体の長さ

[式]　□ ÷ □ ＝ □
（全体の重さ）（全体の長さ）（1mの重さ）

[答え]　 kg

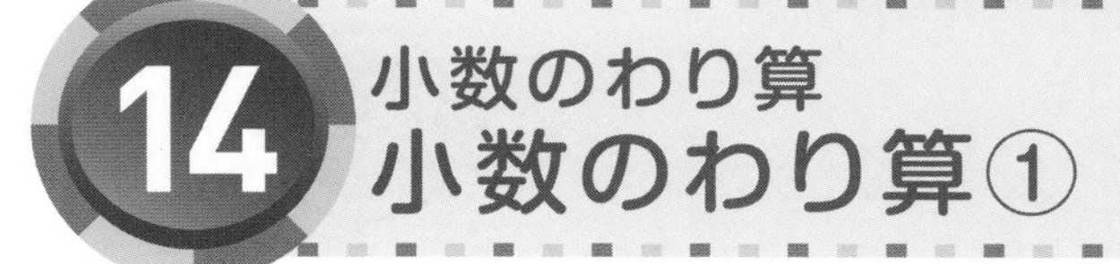

▶▶▶答えは別さつ3ページ

式：1問20点　答え：1問30点

1 6.5m²の花だんに，5.2Lの水をまきました。1m²あたり何Lの水をまいたことになりますか。

（6.5m²：水をまいた広さ　5.2L：まいた水の量）

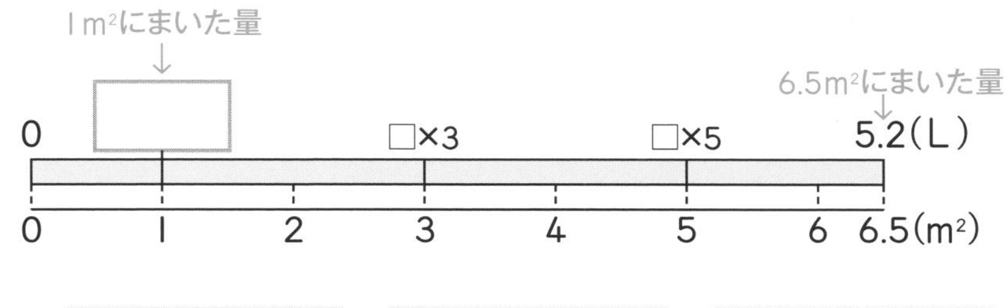

[式]　□ ÷ □ ＝ □

[答え]　□ L

2 重さ0.15kgのじゃがいもにふくまれる水分は119.7gです。じゃがいも1kgあたりにふくまれる水分は何gですか。

（0.15kg：じゃがいもの重さ　119.7g：水分の重さ）

[式]　□ ÷ □ ＝ □

[答え]　□ g

15 小数のわり算
小数のわり算①

▶▶▶答えは別さつ4ページ

式：1問10点　答え：1問15点

1 1.6mの重さが4kgの鉄のぼうがあります。この鉄のぼう1mの重さは何kgですか。

[式]

[答え]

2 ガソリンを12.5L買ったら，1700円でした。このガソリン1Lはいくらですか。

[式]

[答え]

3 長さが0.86mのホースの重さをはかったら，129gありました。このホース1mの重さは何gですか。

[式]

[答え]

4 海水0.4kgから，塩が14gとれました。この海水1kgからは，何gの塩がとれますか。

[式]

[答え]

16 小数のわり算
小数のわり算①

▶▶▶答えは別さつ4ページ

点数　点

式：1問10点　答え：1問15点

1 ほしエビ0.8kgには，56.8gのカルシウムがふくまれています。ほしエビ1kgには何gのカルシウムがふくまれていますか。

[式]

[答え]

2 毛糸を98.4m使ってマフラーを編(あ)みました。マフラーの重さは442.8gありました。この毛糸1mの重さは何gですか。

[式]

[答え]

3 あるぶどうジュース1.8Lには，ぶどうの果じゅうが1.44L入っています。このジュース1Lには，ぶどうの果じゅうが何L入っていますか。

[式]

[答え]

4 ペンキを8.2dL使って，6.15m²の板をぬりました。このペンキ1dLでは，何m²の板をぬることができますか。

[式]

[答え]

17 小数のわり算
小数のわり算②

▶▶▶答えは別さつ4ページ

式:1問20点　答え:1問30点

1 3.4mのリボンを，1人に0.8mずつ配ります。何人に配ることができて，何mあまりますか。

全体の長さ　1人分の長さ

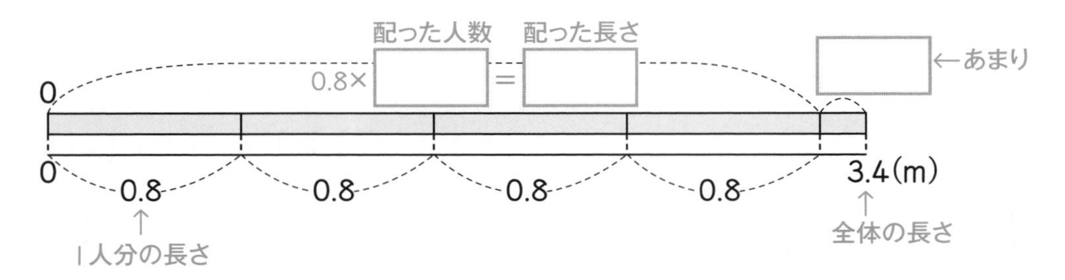

[式] □ ÷ □ = □ あまり □

全体の長さ（m）　1人分の長さ（m）　何人分

[答え] □ 人に配ることができて，□ mあまる。

2 さとうが8.5kgあります。1つのふくろに0.6kgずつ入れると，何ふくろできて，何kgあまりますか。

全体の量　1つ分の量

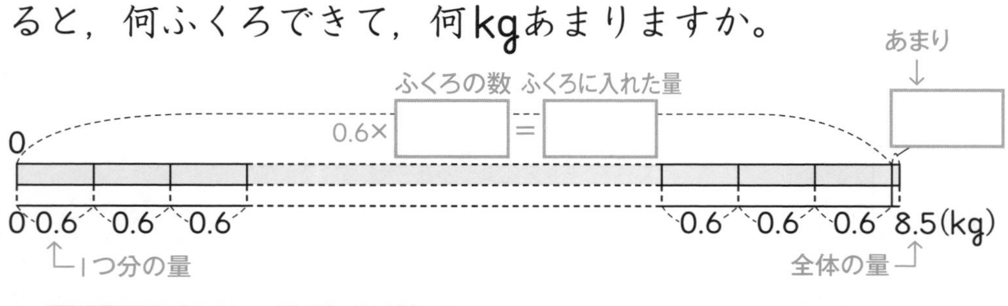

[式] □ ÷ □ = □ あまり □

全体の量　1つ分の量　何ふくろ

[答え] □ ふくろできて，□ kgあまる。

18 小数のわり算
小数のわり算②

▶▶▶答えは別さつ4ページ

式：1問20点　答え：1問30点

1 長さ185cmのぼうを，15.5cmずつに切り分けました。
（全体の長さ）（1つ分の長さ）

15.5cmのぼうは何本できて，何cmあまりますか。

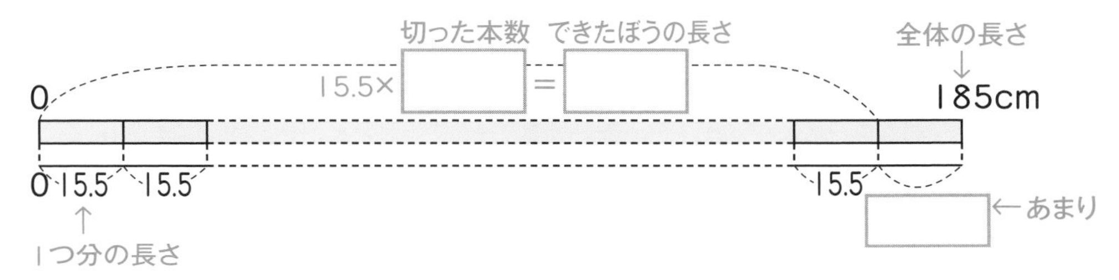

［式］ □ ÷ □ ＝ □ あまり □

［答え］ □ 本できて， □ cmあまる。

2 お茶が5Lあります。0.8L入るポットに入れていくと，
（全体の量）（1つ分の量）

いくつのポットに入れられて，何Lあまりますか。

［式］ □ ÷ □ ＝ □ あまり □

［答え］ □ つに入れられて， □ Lあまる。

19 小数のわり算
小数のわり算②

▶▶▶答えは別さつ5ページ

式：1問10点　答え：1問15点

1 リボンが5.6mあります。0.65mを使って1つのかざりをつくると，かざりはいくつできて，何mあまりますか。

[式]

[答え]

2 3.5kgの肉のかたまりから，1まい0.18kgのステーキ肉を切り取ります。ステーキ肉は何まいできて，何kgあまりますか。

[式]

[答え]

3 ゼリーを1つ作るのに，ゼラチンを4.5g使います。ゼラチンが60gあるとき，ゼリーは何個（こ）できて，何gあまりますか。

[式]

[答え]

4 同じ大きさの板がたくさんあります。この板1まいをぬるのに，ペンキを3.8dL使います。ペンキ80dLでは，この板は何まいぬれて，何dLあまりますか。

[式]

[答え]

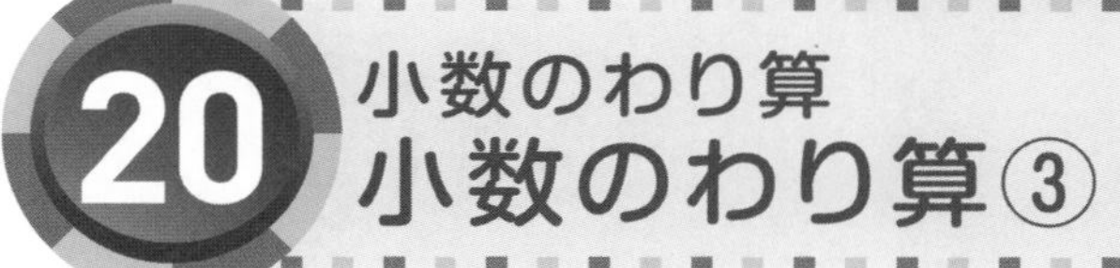

▶▶▶答えは別さつ5ページ

点数　　点

式:1問20点　答え:1問30点

1 1.2Lの重さが1.34kgの食塩水があります。この食塩水1Lの重さは約何kgですか。四捨五入(ししゃごにゅう)して，上から2けたのがい数で求めましょう。

(1.2L：全体の量　1.34kg：1.2Lの重さ)

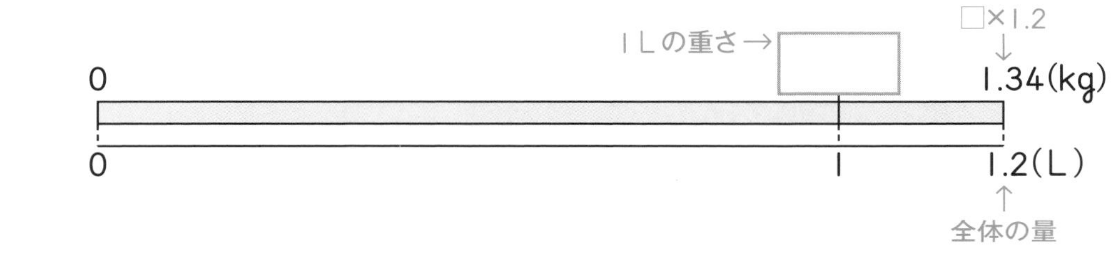

[式] □ ÷ □ = □

(全体の重さ　全体の量　1Lの重さ)

[答え] 約 □ kg

2 $6.5m^2$の重さが16.24kgの板があります。この板$1m^2$の重さは約何kgですか。四捨五入して，上から2けたのがい数で求めましょう。

($6.5m^2$：全体の広さ　16.24kg：$6.5m^2$の重さ)

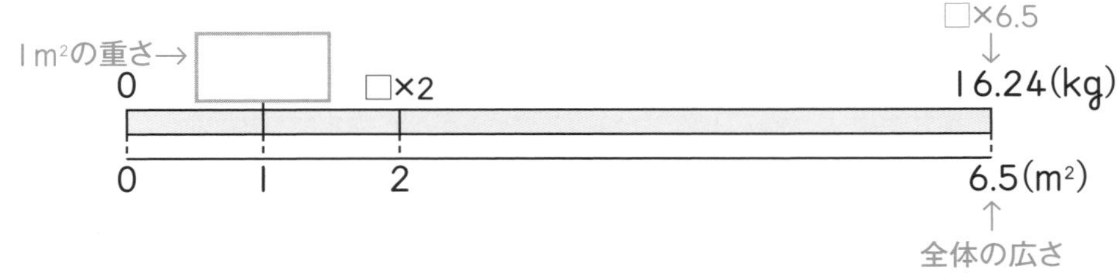

[式] □ ÷ □ = □

(全体の重さ　全体の広さ　$1m^2$の重さ)

[答え] 約 □ kg

勉強した日 月 日

21 小数のわり算
小数のわり算③

▶▶▶答えは別さつ5ページ

式：1問20点　答え：1問30点

1 長さ1.5m（0.4kgの長さ）のゴムホースの重さは0.4kg（1.5mの重さ）ありました。このゴムホース1kgの長さは約何mになりますか。四捨五入（ししゃごにゅう）して，上から2けたのがい数で求めましょう。

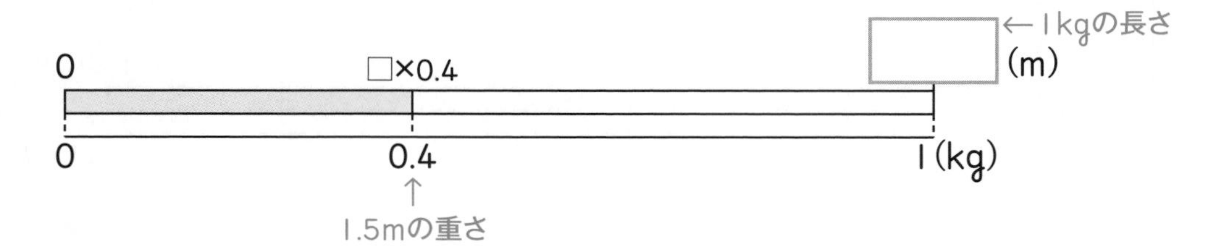

［式］ □ ÷ □ ＝ □

［答え］約 □ m

2 焼きのり0.3kg（0.65gをふくむ量）には，ビタミンC（シー）が0.65g（0.3kgにふくまれる量）ふくまれています。焼きのり1kgだと，ビタミンCは約何gふくまれますか。四捨五入して，上から2けたのがい数で求めましょう。

［式］ □ ÷ □ ＝ □

［答え］約 □ g

22 小数のわり算
小数のわり算③

▶▶▶答えは別さつ5ページ

式：1問10点　答え：1問15点

1 6.2mで52.8gのはり金があります。このはり金1mの重さは約何gですか。四捨五入(ししゃごにゅう)して，上から2けたのがい数で求めましょう。

[式]

[答え]

2 7.4m²の畑から25.6kgのじゃがいもがとれました。この畑1m²からは約何kgのじゃがいもがとれたことになりますか。四捨五入して，上から2けたのがい数で求めましょう。

[式]

[答え]

3 あるはちみつは0.8Lの重さが1.25kgありました。このはちみつ1Lの重さは約何kgありますか。四捨五入して，上から2けたのがい数で求めましょう。

[式]

[答え]

4 厚(あつ)さ0.6cmの鉄板1m²の重さは47.1kgでした。この鉄板の厚さが1cmで，大きさが1m²だと，重さは約何kgになりますか。四捨五入して，上から2けたのがい数で求めましょう。

[式]

[答え]

23 小数のわり算 倍とわり算①

▶▶▶答えは別さつ5ページ

点数 点

式：1問20点　答え：1問30点

1 駅から学校までの道のりは1.8km（もとにする量）で，駅からスーパーまでの道のりは2.34km（比べられる量）です。駅からスーパーまでの道のりは，駅から学校までの道のりの何倍ですか。

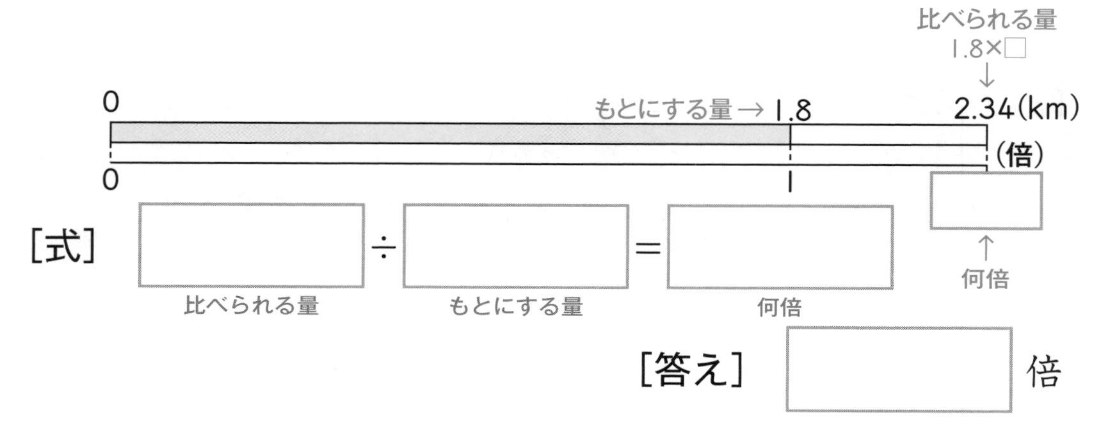

[式] □ ÷ □ ＝ □
（比べられる量）（もとにする量）（何倍）

[答え] □ 倍

2 はやとさんの家では，秋田犬とマルチーズを飼っています。秋田犬の体重は47.2kg（比べられる量），マルチーズの体重は3.2kg（もとにする量）です。秋田犬の体重はマルチーズの体重の何倍ですか。

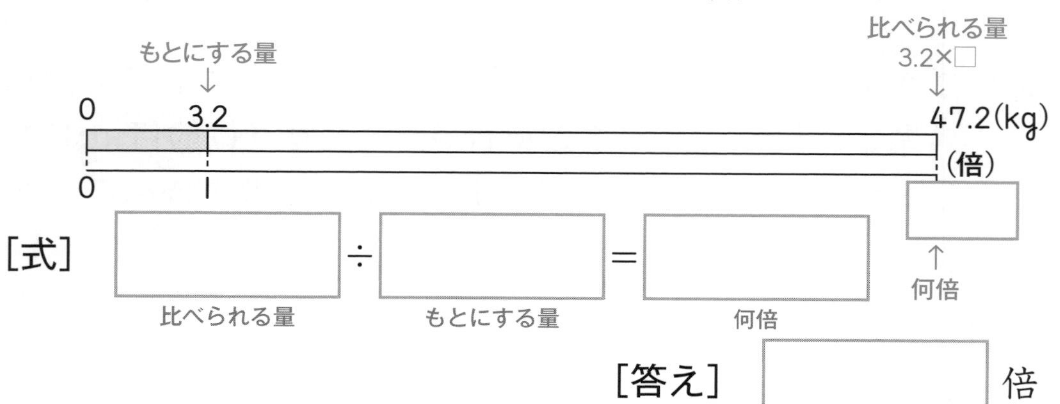

[式] □ ÷ □ ＝ □
（比べられる量）（もとにする量）（何倍）

[答え] □ 倍

24 小数のわり算
倍とわり算①

▶▶▶答えは別さつ6ページ

点数　点

式：1問20点　答え：1問30点

1 牛にゅうが1.5L（もとにする量），ジュースが0.9L（比べられる量）あります。ジュースの量は牛にゅうの量の何倍ですか。

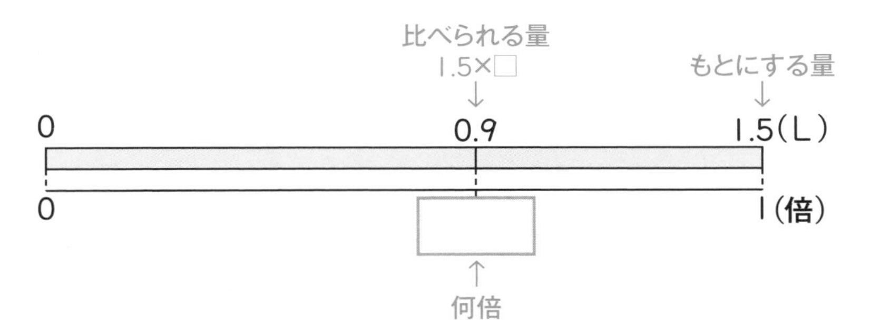

［式］ □ ÷ □ ＝ □

［答え］ □ 倍

2 赤のリボンが3.6m（比べられる量），白のリボンが4.5m（もとにする量）あります。赤のリボンの長さは，白のリボンの長さの何倍ですか。

［式］ □ ÷ □ ＝ □

［答え］ □ 倍

25 小数のわり算 倍とわり算①

練習

答えは別さつ6ページ

式：1問10点　答え：1問15点

1 A(エー)駅からB(ビー)駅までの道のりは3.5km，B駅からC(シー)駅までの道のりは4.2kmです。B駅からC駅までは，A駅からB駅までの何倍ですか。

[式]

[答え]

2 ひろきさんのお父さんの体重は78.6kg，お母さんの体重は52.4kgです。お父さんの体重は，お母さんの体重の何倍ですか。

[式]

[答え]

3 けんじさんのポットには0.8L，えみさんのポットには0.5Lの水が入ります。えみさんのポットには，けんじさんのポットの何倍の水が入りますか。

[式]

[答え]

4 プールで25mを泳ぐのに，みきさんは41.5秒，だいきさんは33.2秒かかりました。だいきさんは，みきさんの何倍かかりましたか。

[式]

[答え]

26 小数のわり算 倍とわり算②

▶▶▶答えは別さつ6ページ

式：1問20点　答え：1問30点

1 シャツとセーターを買いました。セーターのねだんは4320円で，シャツのねだんの2.4倍でした。シャツはいくらで買いましたか。

（4320円：比べられる量，2.4倍：何倍）

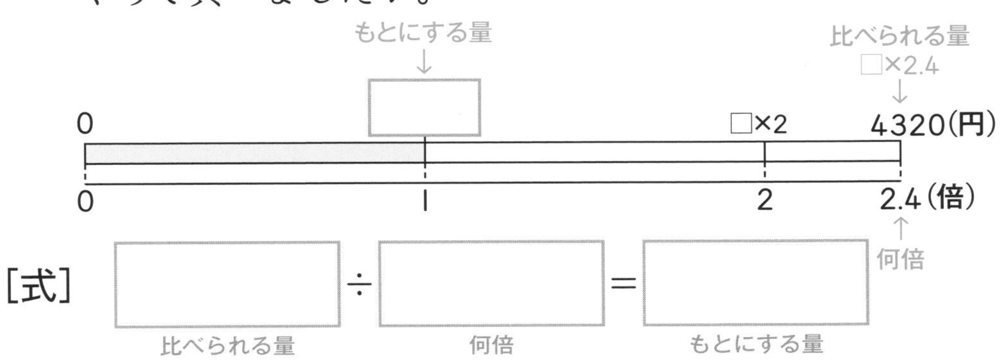

[式] □÷□＝□
（比べられる量　何倍　もとにする量）

[答え] □円

2 みちるさんの2年前の身長は135cmで，現在の身長の0.9倍です。現在の身長は何cmですか。

（135cm：比べられる量，0.9倍：何倍）

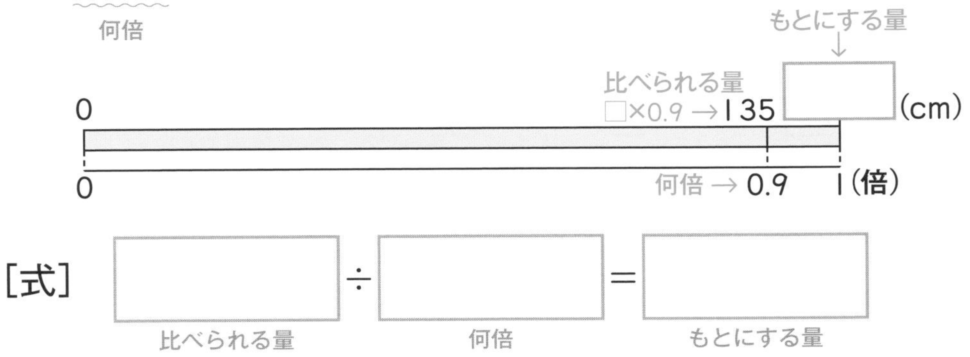

[式] □÷□＝□
（比べられる量　何倍　もとにする量）

[答え] □cm

27 小数のわり算 倍とわり算②

▶▶▶答えは別さつ6ページ

式：1問20点　答え：1問30点

1 100円こう貨1まいの重さは4.8gで，50円こう貨1まいの重さの1.2倍です。50円こう貨1まいの重さは何gですか。

（4.8g：比べられる量，1.2倍：何倍，50円こう貨1まいの重さ：もとにする量）

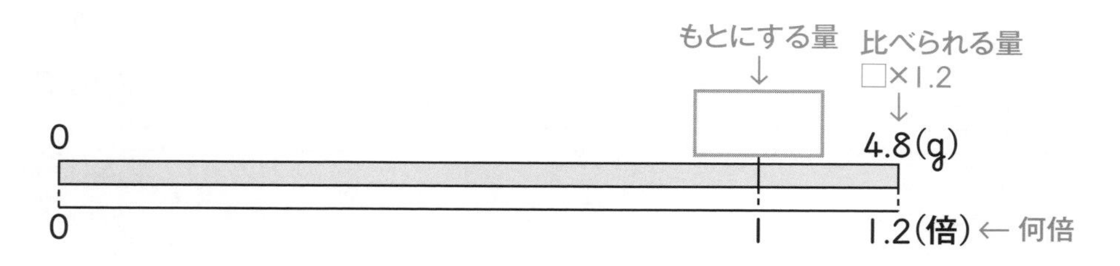

［式］ □ ÷ □ ＝ □

［答え］ □ g

2 A町の面積は18.2km²で，B町の面積の0.7倍です。B町の面積は何km²ですか。

（18.2km²：比べられる量，0.7倍：何倍）

［式］ □ ÷ □ ＝ □

［答え］ □ km²

28 小数のわり算 倍とわり算②

▶▶▶答えは別さつ6ページ

点数　　点

式：1問10点　答え：1問15点

1 赤と白のリボンがあります。赤のリボンの長さは192cmで，白のリボンの長さの1.5倍です。白のリボンの長さは何cmですか。

[式]

[答え]

2 フェルトペンとのりを買いました。のりのねだんは76円で，フェルトペンの0.95倍です。フェルトペンのねだんは何円ですか。

[式]

[答え]

3 バナナ1本とかき1個(こ)の重さをはかりました。かきの重さは150.5gで，バナナの重さの1.4倍でした。バナナ1本の重さは何gですか。

[式]

[答え]

4 ジョギングで，あきらさんは，お兄さんの0.75倍の2.55km走りました。お兄さんは何km走りましたか。

[式]

[答え]

小数のかけ算，小数のわり算のまとめ

たからを手に入れよう

▶▶▶ 答えは別さつ7ページ

みえさんは，1mのねだんが80円のリボンを2.5m買いました。
お姉さんは，1mのねだんが120円のリボンを0.8m買いました。
1～4の順に，□に入る数の方へ進み，たからを手に入れよう。

1 みえさんのリボンの代金は□円です。

2 お姉さんのリボンの代金は□円です。

3 お姉さんのリボンの1mあたりのねだんは，みえさんのリボンの□倍です。

4 お姉さんのリボンの長さは，みえさんのリボンの長さの□倍です。

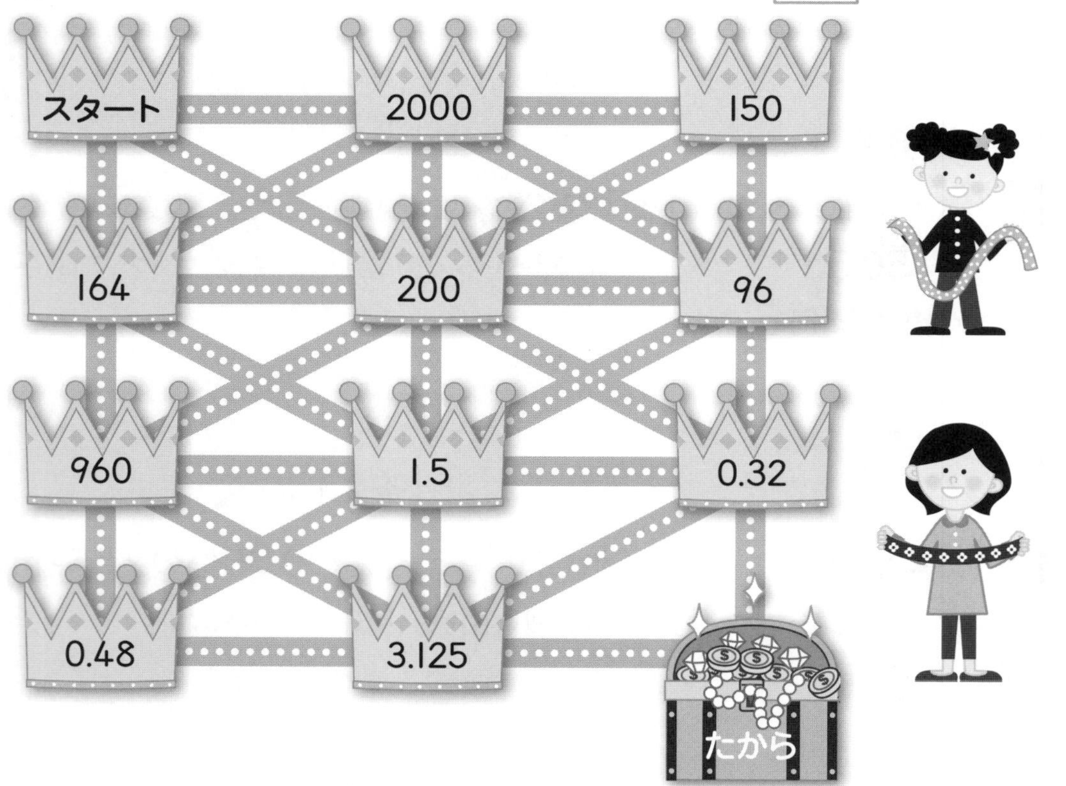

30 単位量あたりの大きさ 平均①

▶▶▶答えは別さつ7ページ

式:1問20点　答え:1問30点

1 下の表は，まいさんが先週1週間に飲んだ牛にゅうの量です。

飲んだ牛にゅうの量（mL）

曜日	日	月	火	水	木	金	土
飲んだ量	180	240	180	150	200	310	0

(1) 日曜日から金曜日までの6日間（日数）では，1日平均（へいきん）何mL飲みましたか。

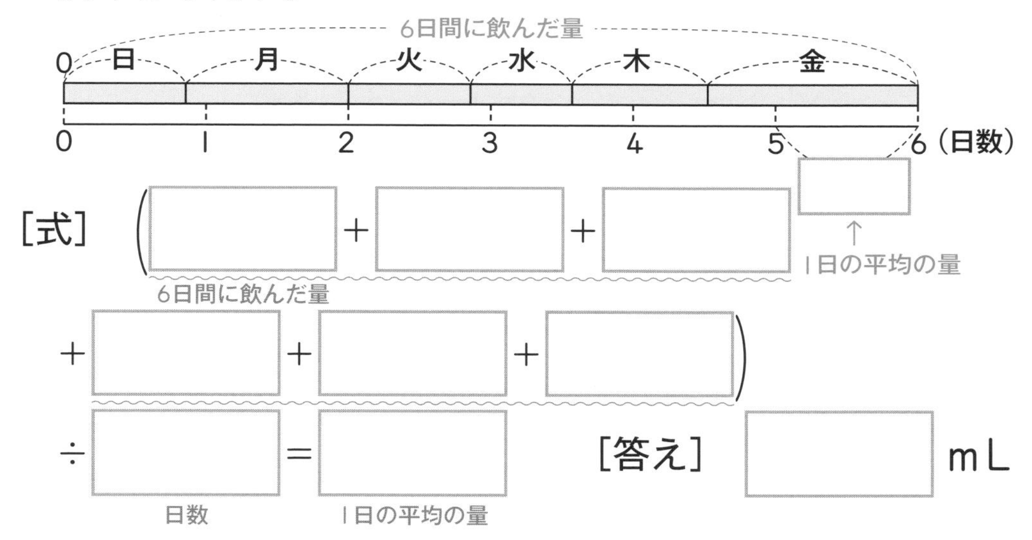

(2) 日曜日から土曜日までの7日間（日数）では，1日平均何mL飲みましたか。

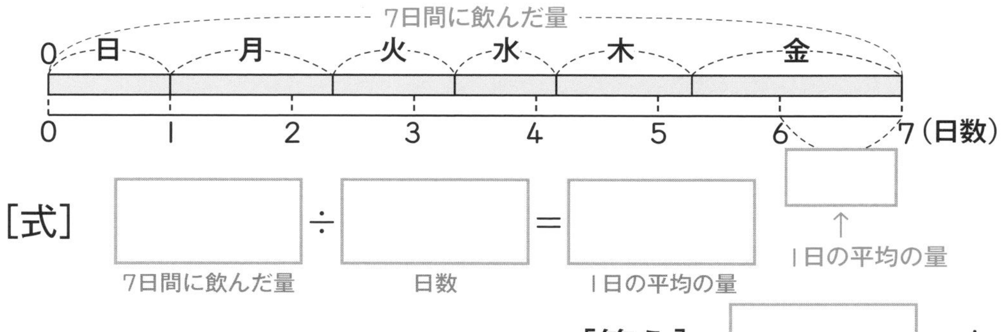

[答え]　　　　mL

単位量あたりの大きさ 平均①

▶▶▶答えは別さつ7ページ

点数　点

式:1問20点　答え:1問30点

1 下の数は，5個(こ)のみかんの重さです。

125g，132g，135g，120g，143g

みかんⅠ個の重さ

この5個のみかんの平均(へいきん)の重さは何gですか。

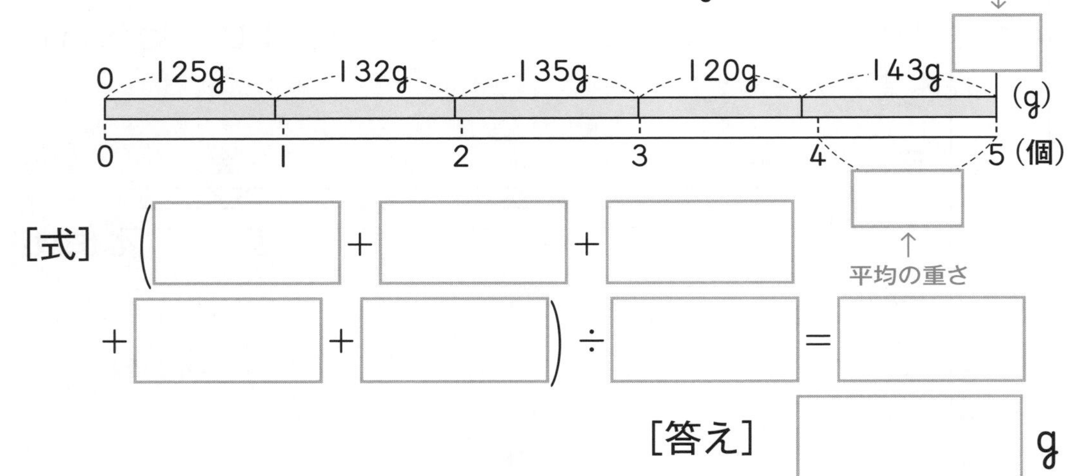

[式] (　　＋　　＋　　＋　　＋　　)÷　　＝

[答え]　　g

2 クラスで，1人5回ずつはばとびをしました。下の数は，たくやさんの5回の記録です。

とんだ回数

290cm，266cm，250cm，321cm，285cm

5回の記録

たくやさんの記録の平均は何cmですか。

[式] (　　＋　　＋　　＋　　＋　　)÷　　＝

[答え]　　cm

32 単位量あたりの大きさ 平均①

▶▶▶答えは別さつ7ページ

式：1問10点　答え：1問15点

1 ゆきさんのはんの5人の通学にかかる時間は下のとおりです。

12分，8分，23分，16分，4分

この5人の平均（へいきん）の通学時間は何分ですか。

[式]

[答え]

2 下の数は，ひろきさんのはんの6人の体重です。

38.5kg，43.8kg，30.8kg，35.2kg，32.5kg，39.4kg

この6人の平均の体重は何kgですか。

[式]

[答え]

3 筆箱に，次のような長さの5本のえん筆が入っています。

6.8cm，16.6cm，10cm，15.2cm，10.8cm

(1) 5本のえん筆の平均の長さは何cmですか。

[式]

[答え]

(2) この筆箱にもう1本，18cmの長さのえん筆を入れました。6本のえん筆の平均の長さは何cmですか。

[式]

[答え]

単位量あたりの大きさ 平均②

▶▶▶答えは別さつ8ページ

式:1問20点　答え:1問30点

1 下の表は，みすずさんがあるゲームを8回行ったときの得点を表しています。

回	1	2	3	4	5	6	7	8
得点（点）	9	10	8	10	9	8	0	8

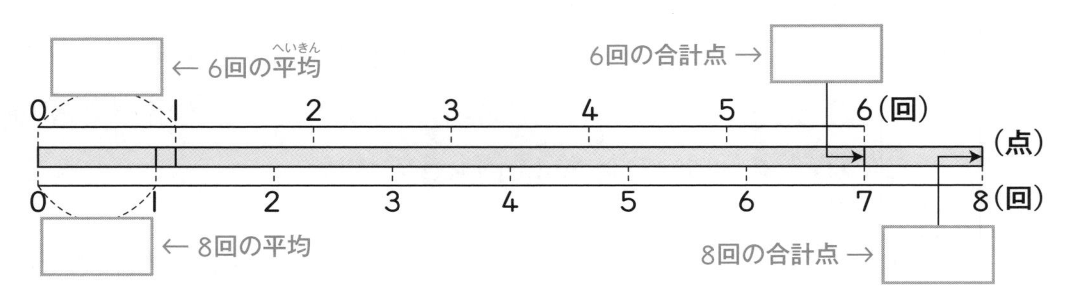

(1)　みすずさんの1回から6回までの得点の平均は何点ですか。

[式]　（□＋□＋□＋□＋□＋□）
6回分の合計点

÷□＝□
回数　1回の平均点

[答え]　□点

(2)　1回から8回までのみすずさんの得点の平均は何点ですか。

[式]　（□＋□＋□）÷□＝□
6回分の合計点　7回の得点　8回の得点　回数　1回の平均点

[答え]　□点

▶▶▶答えは別さつ8ページ

点数　　点

式:1問20点　答え:1問30点

1 下の表は，5年1組で，先週欠席した人の数を表しています。先週は1日に平均(へいきん)何人が欠席したことになりますか。

欠席者の人数

曜日	月	火	水	木	金
人数(人)	2	1	1	0	3

←日数5日
←5日間で休んだ人数

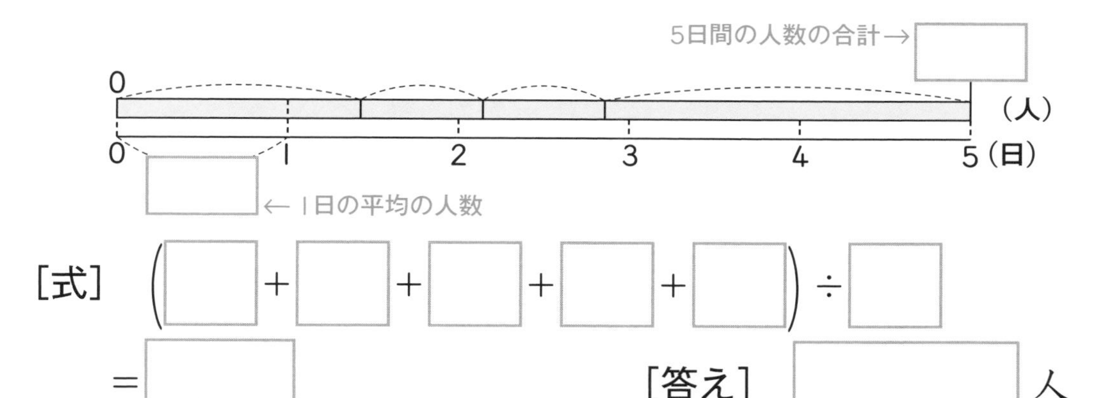

[式] (□＋□＋□＋□＋□)÷□
＝□　　[答え] □人

2 下の数は，ある都市で，1月から6月までの6か月間に雨のふった日数を，月ごとにまとめたものです。

5日，0日，9日，11日，8日，12日

6か月間で雨のふった日数

この都市では，1月から6月までの6か月間で，ひと月に平均して何日雨がふったことになりますか。

月数

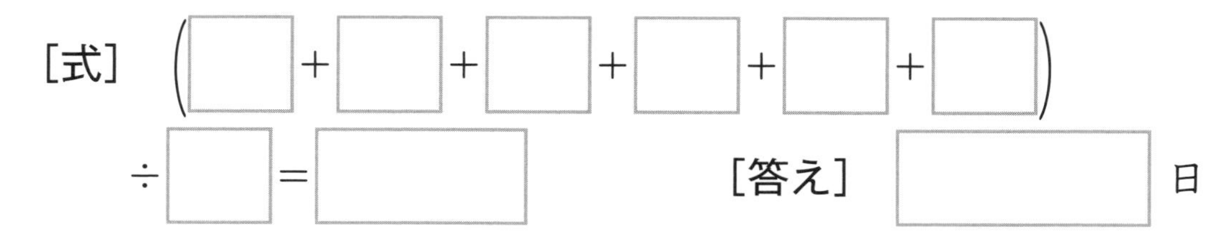

[式] (□＋□＋□＋□＋□＋□)
÷□＝□　　[答え] □日

単位量あたりの大きさ 平均②

▶▶▶答えは別さつ8ページ

点

式：1問10点　答え：1問15点

1 下の数は，あるコンビニで売っている5種類のおにぎりのねだんです。平均(へいきん)のねだんは，いくらになりますか。

130円，115円，190円，128円，125円

[式]

[答え]

2 下の数は，ありささんが先週5日間で折ったつるの数です。1日に平均何羽折ったことになりますか。

15羽，8羽，10羽，7羽，7羽

[式]

[答え]

3 下の数は，けんとさんの家で10日間に食べたたまごの個(こ)数です。1日に平均何個食べたことになりますか。

6，3，5，8，5，0，4，6，3，4（個）

[式]

[答え]

4 下の数は，まもるさんが先週6日間に解(と)いた計算問題の数です。1日平均何題解いたことになりますか。

15題，20題，18題，0題，25題，21題

[式]

[答え]

36 単位量あたりの大きさ 平均③

▶▶▶答えは別さつ8ページ

点数　　点

式：1問20点　答え：1問30点

1 1日に平均(へいきん)180mLの牛にゅうを飲むと，1週間では何mL飲むことになりますか。

（180mL：1日の量　1週間：日数）

1日の量の平均 180　3日間の量の平均 180×3　全体の量 180×□

0　180　（mL）

0　1　2　3　4　5　6　7（日）

↑日数

[式] □（1日の量の平均）×□（日数）＝□（全体の量）

[答え] □ mL

2 本を，1日に平均15ページ読むと，10日間では何ページ読むことになりますか。

（15ページ：1日の量の平均　10日間：日数）

1日の量の平均 15　5日間の量の平均 15×5　全体の量 15×□

0　15　（ページ）

0　1　2　3　4　5　6　7　8　9　10（日）

↑日数

[式] □（1日の量の平均）×□（日数）＝□（全体の量）

[答え] □ ページ

単位量あたりの大きさ
平均③

▶▶▶答えは別さつ8ページ

式：1問20点　答え：1問30点

1 1Lのガソリンで平均（へいきん）13.8km走れる車は，30Lのガソリンでは何km走れることになりますか。

（13.8km：1Lで走る道のり　30L：ガソリンの量）

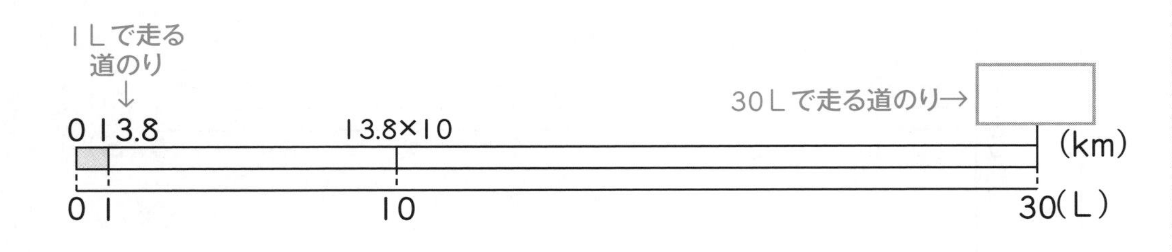

[式]　□ × □ ＝ □

[答え]　□ km

2 1か月に平均2.5さつの本を読むと，1年間では何さつの本を読むことになりますか。

（2.5さつ：1か月に読む量　1年間：月数になおす）

[式]　□ × □ ＝ □

[答え]　□ さつ

38 単位量あたりの大きさ 平均③

▶▶▶答えは別さつ9ページ

式：1問10点　答え：1問15点

1 ある畑では，1m²あたり平均(へいきん)6kgのトマトをしゅうかくします。700m²では，何kgのトマトをしゅうかくすることになりますか。

[式]

[答え]

2 5年生の平均体重を35kgとします。バスに5年生36人が乗るとき，全員の体重の合計は，何kgになると考えられますか。

[式]

[答え]

3 日本人は，けいたい電話を，1人で平均0.86台持っているそうです。日本人が50人集まると，けいたい電話は何台あることになりますか。

[式]

[答え]

4 ある年の日本人の米の消費量を調べたら，1人が1か月に食べる量の平均は4.875kgでした。この年，1年間では，1人何kgの米を消費したことになりますか。

[式]

[答え]

39 単位量あたりの大きさ 平均④

▶▶▶答えは別さつ9ページ

点数　　点

式：1問20点　答え：1問30点

1 1個の平均(へいきん)の重さが125g(1個の重さ)のみかんを2kg(全体の重さ)用意します。

みかんは何個必要ですか。

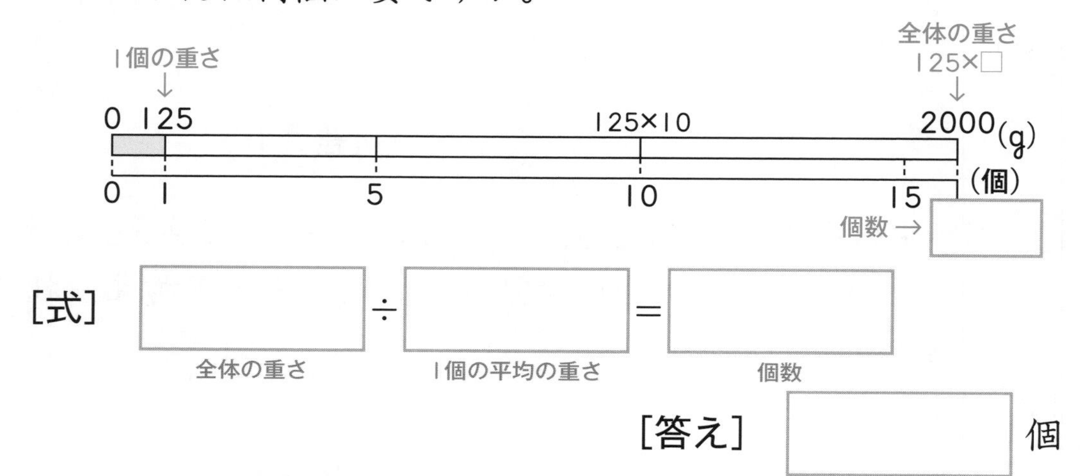

[式] ☐ ÷ ☐ ＝ ☐

全体の重さ　1個の平均の重さ　個数

[答え] ☐ 個

2 バナナ1本から平均で80mL(1つ分の量)のジュースを作ることができました。ジュースを1200mL(全体の量)作るのに，バナナは何本必要ですか。

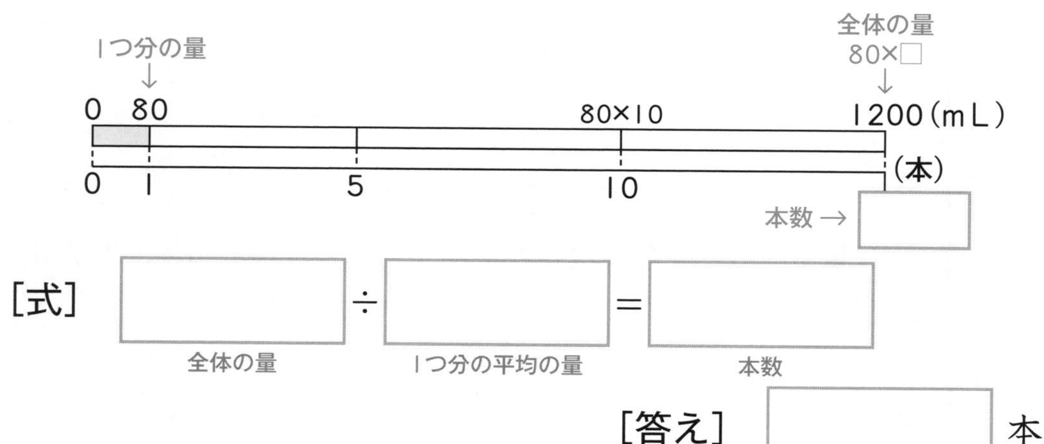

[式] ☐ ÷ ☐ ＝ ☐

全体の量　1つ分の平均の量　本数

[答え] ☐ 本

単位量あたりの大きさ 平均④

▶▶▶答えは別さつ9ページ

点数　点

式:1問20点　答え:1問30点

1 1まいの平均(へいきん)の重さが7.5gのクッキーがあります。このクッキーが150gあるとき，クッキーは何まいありますか。

（7.5g：1まいの重さ　150g：全体の重さ）

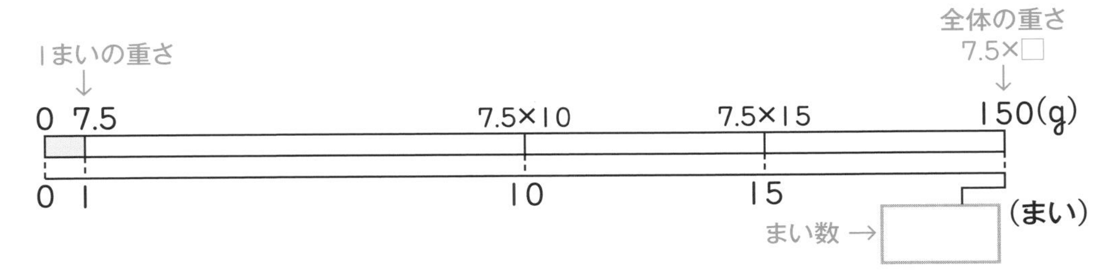

[式] □ ÷ □ ＝ □

[答え] □ まい

2 1歩の平均の長さを0.64mとすると，1200mを歩くのに何歩進むことになりますか。

（0.64m：1歩の長さ　1200m：全体の道のり）

[式] □ ÷ □ ＝ □

[答え] □ 歩

勉強した日　　月　　日

41 単位量あたりの大きさ 平均④

▶▶▶答えは別さつ9ページ

式：1問10点　答え：1問15点

1 みちるさんは，1日平均(へいきん)25分間，犬の散歩に出かけます。30時間散歩させるには，何日かかりますか。

[式]

[答え]

2 1個(こ)の平均の重さが52gのたまごを，箱に2.6kgつめるには，たまごを何個用意すればよいですか。

[式]

[答え]

3 あるとうふには1gあたり平均1.2mgのカルシウムがふくまれています。このとうふでカルシウムを600mgとるには，とうふは何g必要ですか。

[式]

[答え]

4 さおりさんの家では，1日に平均400gのお米を食べます。20kgのお米があるとき，食べるのに何日かかりますか。

[式]

[答え]

42 単位量あたりの大きさ
単位量あたりの大きさ①

▶▶▶答えは別さつ9ページ

式：1問25点　答え：1問25点

1 右の表は，ある町の小学校のうさぎ小屋の面積とうさぎの数を表しています。どの小学校の小屋がいちばん混んでいますか。

小屋の面積とうさぎの数

	面積（m²）	うさぎの数（ひき）
A校	8	10
B校	8	12
C校	10	12

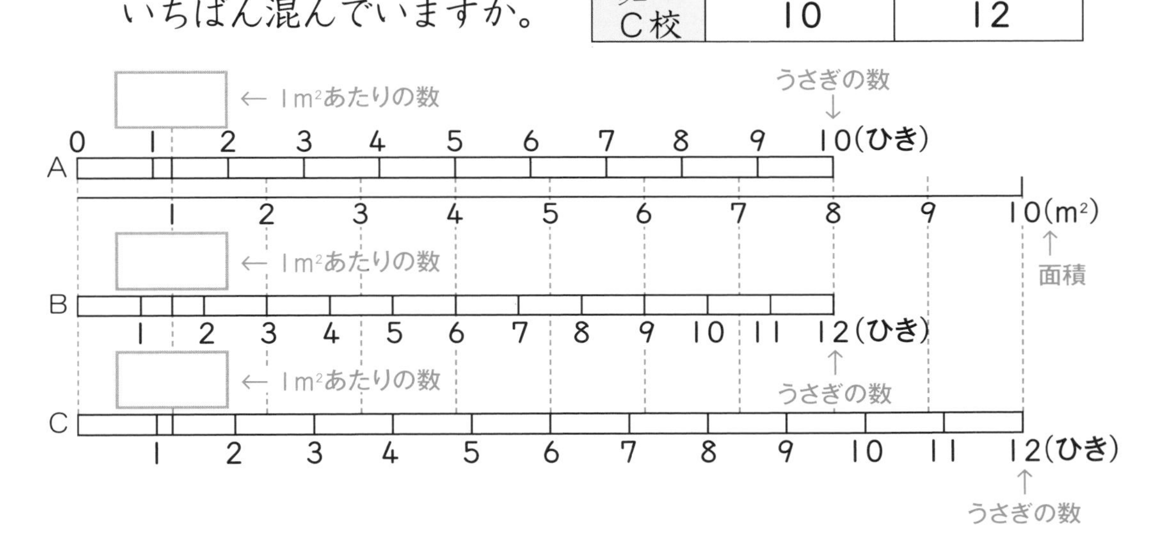

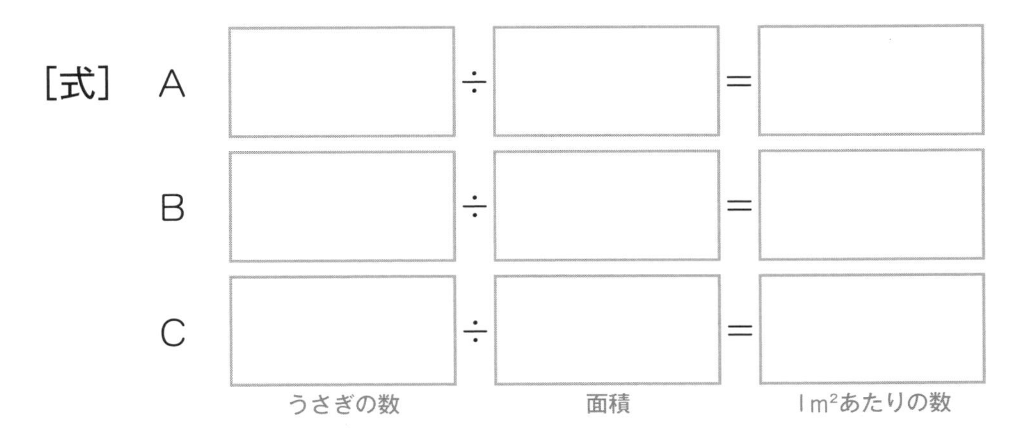

［答え］　　校

43 単位量あたりの大きさ
単位量あたりの大きさ①

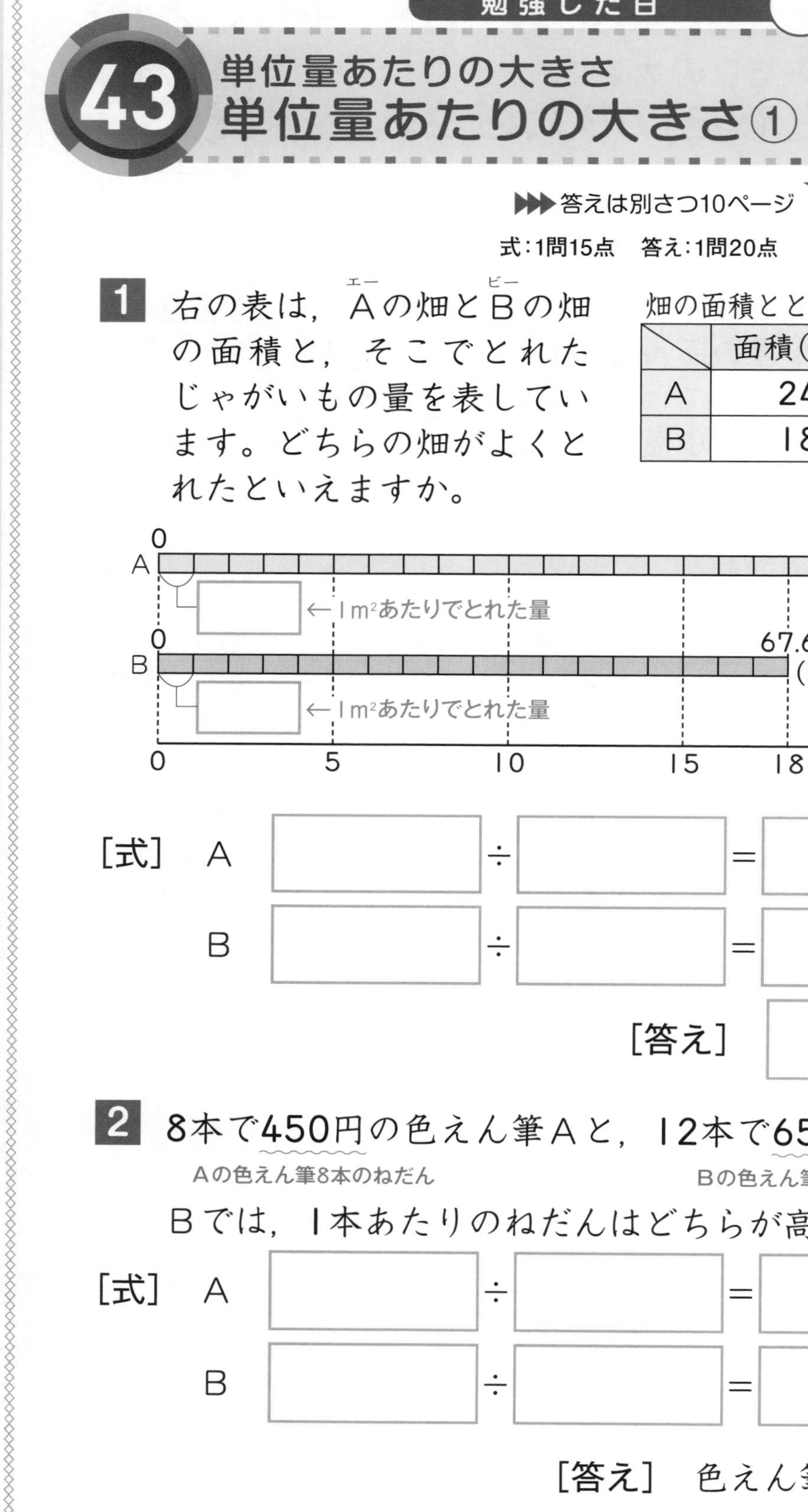

▶▶▶答えは別さつ10ページ

点数　点

式：1問15点　答え：1問20点

1 右の表は，A（エー）の畑とB（ビー）の畑の面積と，そこでとれたじゃがいもの量を表しています。どちらの畑がよくとれたといえますか。

畑の面積ととれたじゃがいもの量

	面積（m^2）	じゃがいも(kg)
A	24	78.4
B	18	67.6

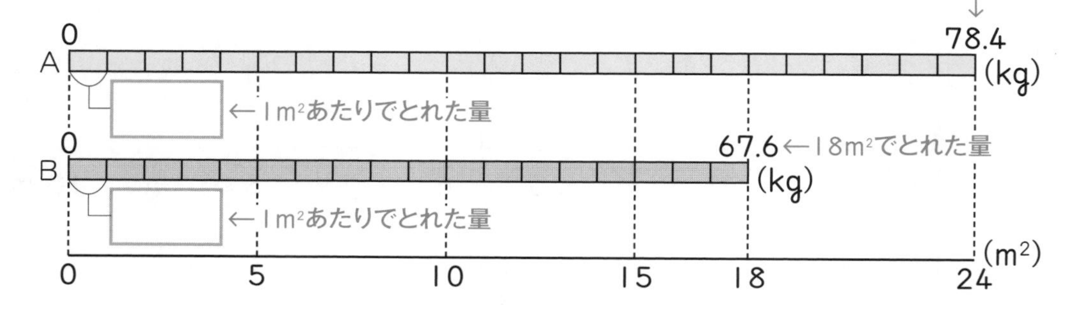

［式］ A　□ ÷ □ ＝ □

B　□ ÷ □ ＝ □

［答え］ □ の畑

2 8本で450円の色えん筆Aと，12本で650円の色えん筆Bでは，1本あたりのねだんはどちらが高いでしょうか。

（450円：Aの色えん筆8本のねだん　650円：Bの色えん筆12本のねだん）

［式］ A　□ ÷ □ ＝ □

B　□ ÷ □ ＝ □

［答え］ 色えん筆 □

44 単位量あたりの大きさ
単位量あたりの大きさ①

▶▶▶答えは別さつ10ページ

式：1問10点　答え：1問15点

1 ある電車の乗車人数を調べたところ，前の4両には632人，後ろの6両には972人が乗っていました。前4両と後ろ6両では，どちらが混(こ)んでいますか。

[式]

[答え]

2 A(エー)公園のすな場の面積は$8m^2$で，10人が遊んでいます。B(ビー)公園のすな場の面積は$10m^2$で，13人が遊んでいます。どちらのすな場が混んでいますか。

[式]

[答え]

3 赤のリボンは4.5mで360円，青のリボンは6.5mで546円でした。1mあたりでは，どちらのリボンのねだんが高いですか。

[式]

[答え]

4 Aの板は$8m^2$の重さが20kg，Bの板は$6.5m^2$の重さが18.2kgです。$1m^2$あたりでは，どちらの板が重いですか。

[式]

[答え]

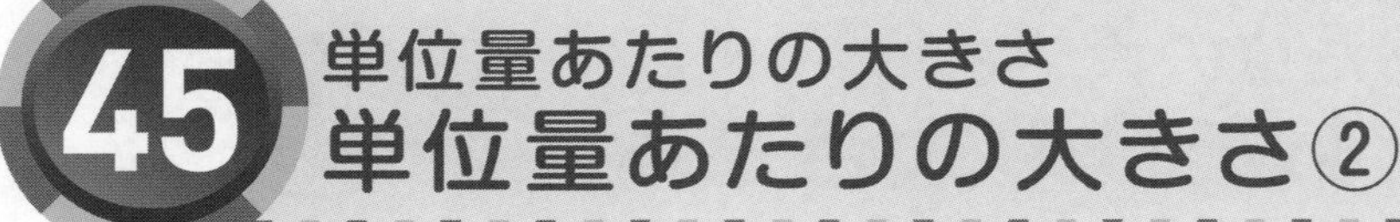

▶▶▶答えは別さつ10ページ

式：1問20点　答え：1問30点

1 1mの重さが7g（1mの重さ）のリボンを使って，かざりを作りました。かざりの重さが16.8g（使った重さ）のとき，このリボンを何m使ったことになりますか。

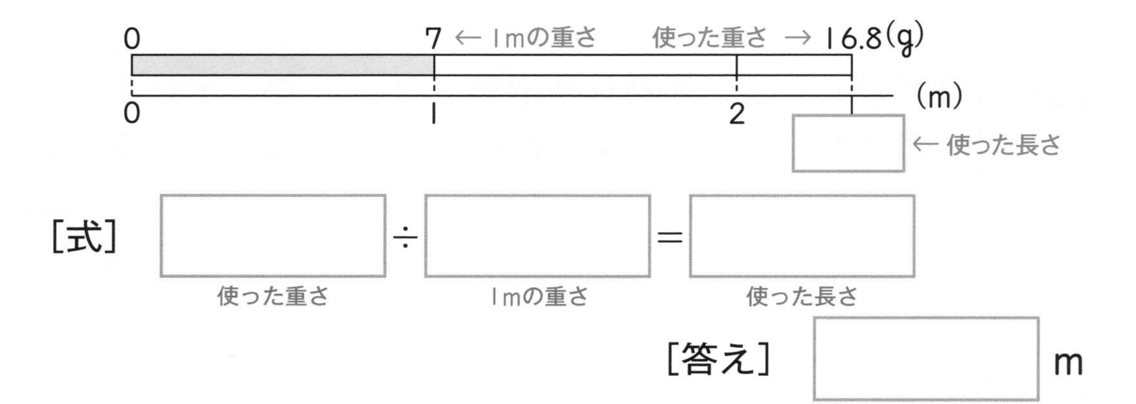

[式] □ ÷ □ ＝ □
（使った重さ）（1mの重さ）（使った長さ）

[答え] □ m

2 1mの重さが8g（1mの重さ）の毛糸を使って，人形を作りました。毛糸を0.8m（使った長さ）使ったとき，人形の重さは何gですか。

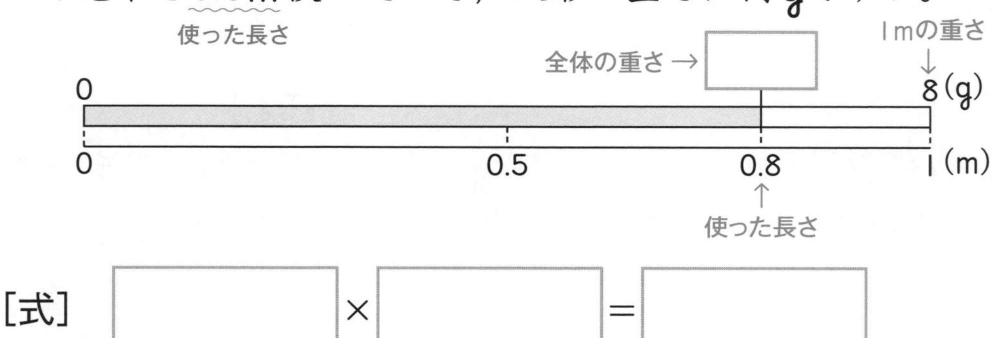

[式] □ × □ ＝ □
（1mの重さ）（使った長さ）（全体の重さ）

[答え] □ g

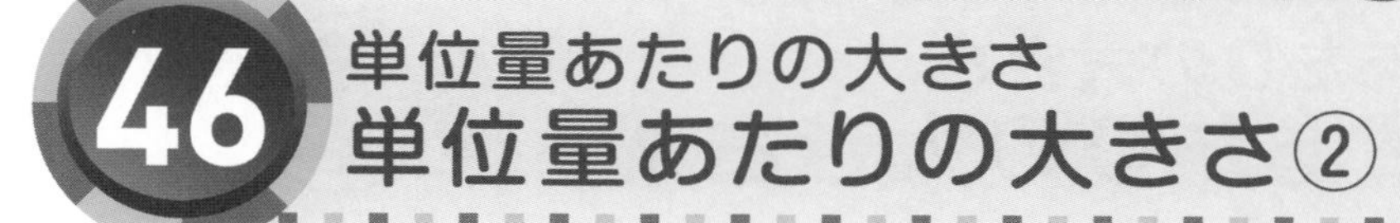

▶▶▶答えは別さつ10ページ

式：1問20点　答え：1問30点

1 1m²あたりの重さが2.5kg（1m²の重さ）の板を使ってたなの板を作ったところ，たなの板の重さは4.5kg（使った重さ）になりました。板を何m²使いましたか。

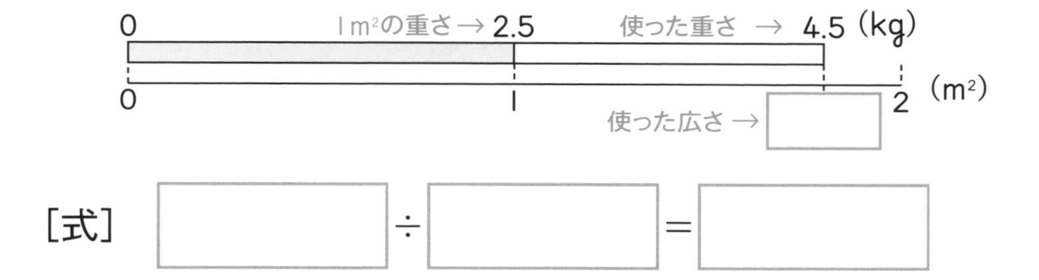

［式］ □ ÷ □ ＝ □

［答え］ □ m²

2 1dLで1.4m²（1dLでぬることができる面積）の板をぬることができるペンキを使って，公園のベンチをぬりました。ペンキを6.2dL（使った量）使用したとき，ベンチを何m²ぬったことになりますか。

［式］ □ × □ ＝ □

［答え］ □ m²

47 単位量あたりの大きさ
単位量あたりの大きさ②

▶▶▶答えは別さつ10ページ

点数　　点

式:1問10点　答え:1問15点

1 1mのねだんが450円の布(ぬの)を180円分買いました。この布を何m買ったことになりますか。

[式]

[答え]

2 1分間に70まいを印刷できる印刷機があります。1890まいを印刷したとき，印刷機を何分間使い続けましたか。

[式]

[答え]

3 1 cm^3の重さが1.2gのねん土があります。このねん土を使って人形を作りました。

(1) できた人形の重さが540gのとき，ねん土を何 cm^3使いましたか。

[式]

[答え]

(2) ねん土を650 cm^3使うと，何gの重さの人形ができますか。

[式]

[答え]

48 単位量あたりの大きさのまとめ
今日のごはんは何かな？

▶▶▶ 答えは別さつ 11 ページ

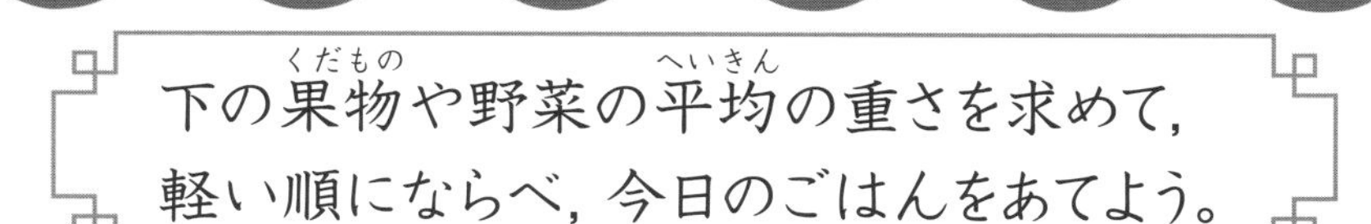

下の果物(くだもの)や野菜の平均(へいきん)の重さを求めて，
軽い順にならべ，今日のごはんをあてよう。

ム　4個(こ)で720gのオレンジがあります。
オレンジ1個の平均の重さは何g？

ラ　5個で950gのじゃがいもがあります。
じゃがいも1個の平均の重さは何g？

ス　3個で1080gのかぼちゃがあります。
かぼちゃ1個の平均の重さは何g？

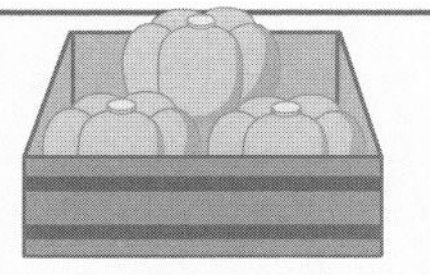

イ　次のような重さの4個のグレープフルーツがあります。
グレープフルーツ1個の平均の重さは何g？

250g　265g　280g　255g

オ　次のような重さの3個のトマトがあります。
トマト1個の平均の重さは何g？

138g　145g　152g

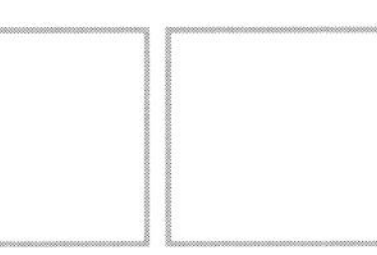

答え

49 速さ
速さを求める

▶▶▶答えは別さつ11ページ

式：1問25点　答え：1問25点

1 自動車が2時間で100km走ります。この自動車の速さは時速何kmですか。

（2時間：かかった時間　100km：進んだ道のり　時速何km：1時間に進む道のり）

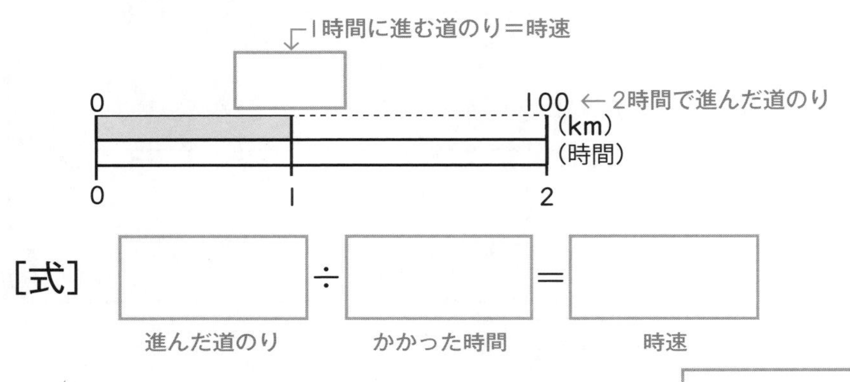

[式]　□ ÷ □ ＝ □

（進んだ道のり　かかった時間　時速）

[答え]　時速 □ km

2 急行列車が20分間で40km走ります。この急行列車の速さは分速何kmですか。

（20分間：かかった時間　40km：進んだ道のり　分速何km：1分間に進む道のり）

1分間に進む道のり＝分速

0　40 ← 20分間で進んだ道のり　(km)

0　1　20　(分)

[式]

[答え]　分速 □ km

50 速さ
速さを求める

▶▶▶答えは別さつ11ページ

点数　点

1 式：20点　答え：10点　2 3 式：1問20点　答え：1問15点

1 1分間に50m歩くロボットがあります。このロボットの歩く速さは時速何kmですか。

（分速50m）（1時間に進む道のり）

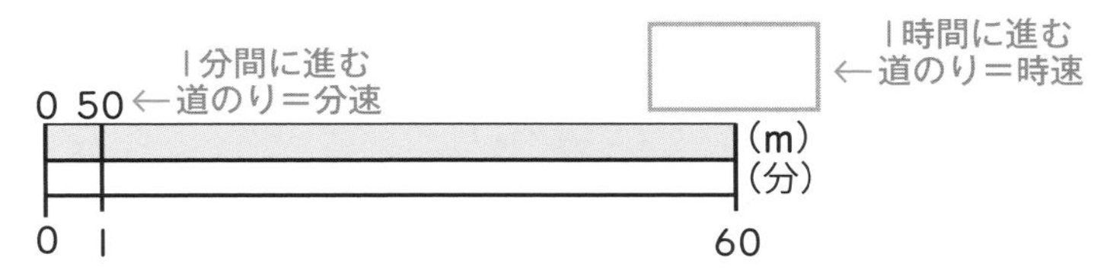

[式]

[答え] 時速 ☐ km

2 1時間に36km泳ぐ魚がいます。この魚の泳ぐ速さは秒速何mですか。

（時速36km）（1秒間に進む道のり）

[式]

[答え] 秒速 ☐ m

3 1秒間に20m進むヘリコプターがあります。このヘリコプターの速さは時速何kmですか。

（秒速20m）（1時間に進む道のり）

[式]

[答え] 時速 ☐ km

51 速さ 速さを求める

練習

▶▶▶答えは別さつ11ページ

式:1問15点　答え:1問10点

1 3時間で123km走る自動車があります。この自動車の速さは時速何kmですか。

[式]

[答え]

2 48kmの道のりを自転車で走るのに4時間かかりました。自転車の速さは時速何kmですか。

[式]

[答え]

3 かおりさんは，1分間で60m歩きます。かおりさんの歩く速さは時速何kmですか。

[式]

[答え]

4 6時間で216km飛ぶ鳥がいます。この鳥の飛ぶ速さは秒速何mですか。

[式]

[答え]

勉強した日  月 日

52 速さ
道のりを求める

▶▶▶答えは別さつ12ページ

式：1問25点　答え：1問25点

1 自動車が時速50kmで走っています。この自動車が3時間で進む道のりは何kmですか。

（時速50km：1時間で進む道のり、3時間：進む時間）

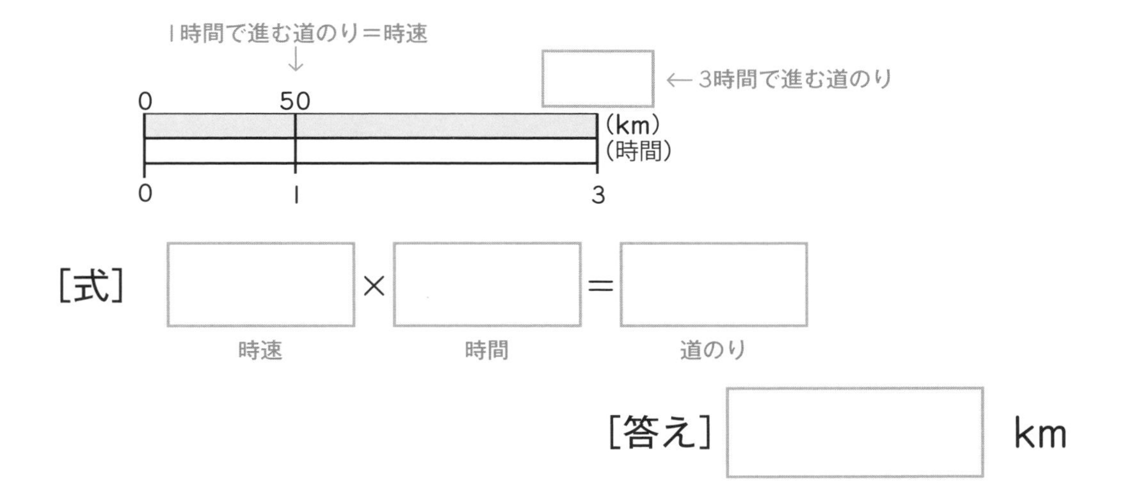

2 たろうさんは自転車に乗って分速150mで進んでいます。1時間で何m進みますか。

（分速150m：速さ、1時間：時間）

1時間＝60分間で進む道のり

0 150 ← 1分間で進む道のり

(m)

(分)

0 1 60

[式]

[答え]　　　　m

53 速さ 道のりを求める

▶▶▶答えは別さつ12ページ

式：1問15点　答え：1問10点

1 時速64kmの速さで走る自動車があります。この自動車が3時間で走ることのできる道のりは何kmですか。

[式]

[答え]

2 自転車に乗って，秒速6mの速さで25秒間走りました。自転車で走った道のりは何mですか。

[式]

[答え]

3 飛行機が秒速250mで2時間飛びました。飛行機の飛んだ道のりは何kmですか。

[式]

[答え]

4 あきらさんは，分速200mの速さで走ります。あきらさんが0.6時間で走る道のりは何kmですか。

[式]

[答え]

54 速さ 時間を求める

▶▶▶答えは別さつ12ページ

点数　　点

式：1問25点　答え：1問25点

1 15km（道のり）の道のりを，時速5km（速さ）の速さで歩くと何時間かかりますか。

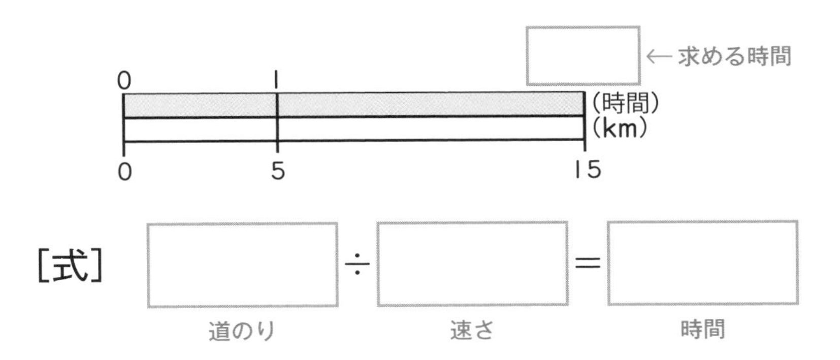

[式] □ ÷ □ ＝ □
（道のり）（速さ）（時間）

[答え] □ 時間

2 なおきさんの家から駅までの道のりは900m（道のり）です。

分速60m（速さ）で歩くと，家から駅まで何分かかりますか。

← 求める時間

0　1　(分)

0　60　900　(m)

[式]

[答え] □ 分

55 速さ

時間を求める

練習

▶▶▶答えは別さつ12ページ

式:1問15点　答え:1問10点

1 16kmの道のりを，時速4kmの速さで進むと何時間かかりますか。

[式]

[答え]

2 レーシングカーが，1周4380mのコースを秒速60mで走ります。コースを1周するのに何秒かかりますか。

[式]

[答え]

3 家から図書館まで7.56kmの道のりがあります。この道のりを秒速1.5mの速さで進むと何分かかりますか。

[式]

[答え]

4 飛行機が，分速8kmの速さで920kmの道のりを飛びます。かかる時間は何時間何分ですか。

[式]

[答え]

速さのまとめ
あみだゲーム

▶▶▶ 答えは別さつ 13 ページ

レーサーが自分のレーシングカーについて話しています。
自分のレーシングカーにたどりつくことができるレーサーの
（　　）に◯をつけましょう。

（　　）

私のレーシングカーは6時間で1890km進みます。時速何kmですか。

（　　）

私のレーシングカーは時速270kmで走ります。5.4km進むのにかかる時間は何分ですか。

（　　）

私のレーシングカーは分速5kmで走ります。25分走ったときに進むきょりは何mですか。

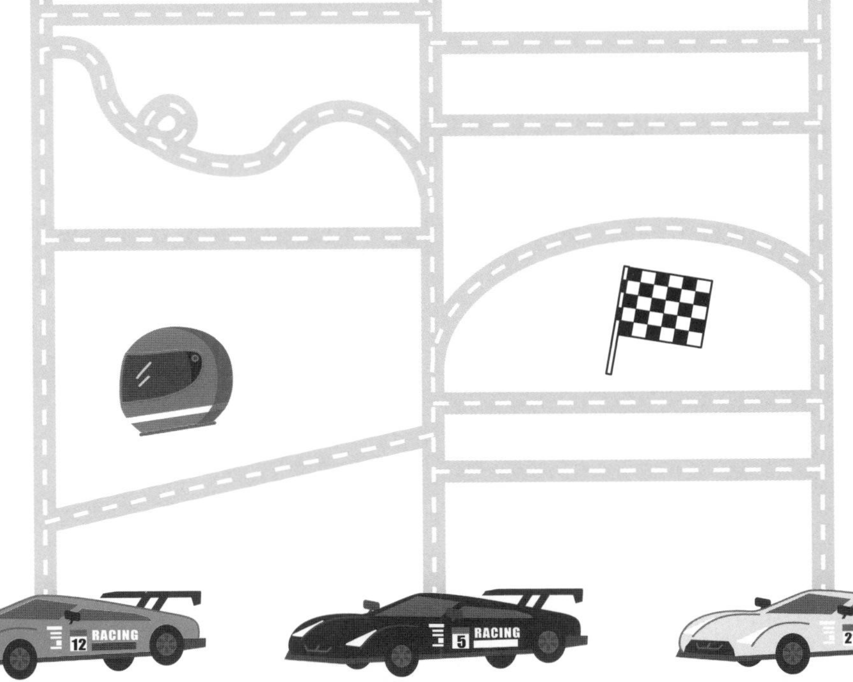

57 分数と小数 分数倍

▶▶▶答えは別さつ13ページ

式:1問20点　答え:1問30点

1 赤のリボンが9m（比べられる量），青のリボンが7m（もとにする量）あります。赤のリボンの長さは，青のリボンの長さの何倍ですか。

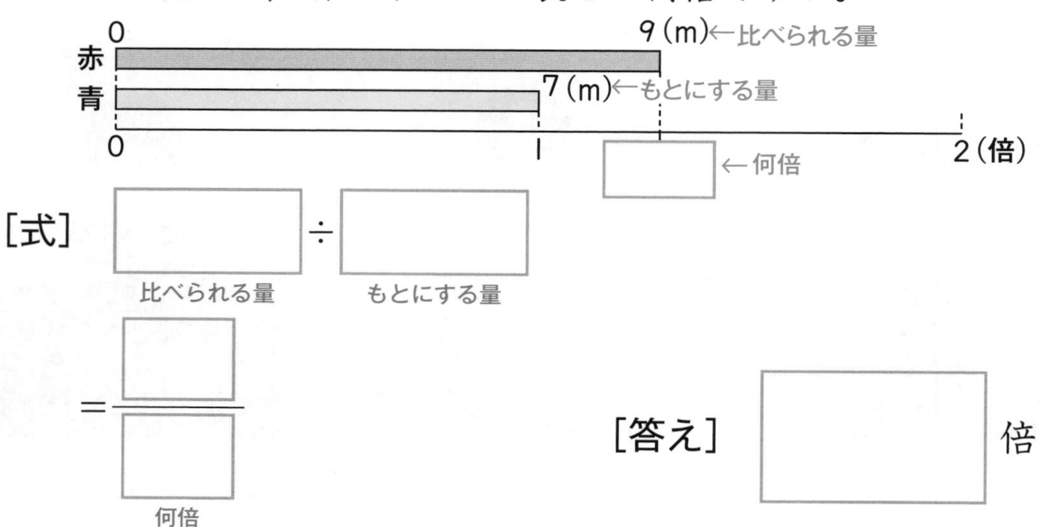

[答え]　　　倍

2 はるきさんの家で飼っているねこの体重は6kg（もとにする量），犬の体重は13kg（比べられる量）です。犬の体重は，ねこの体重の何倍ですか。

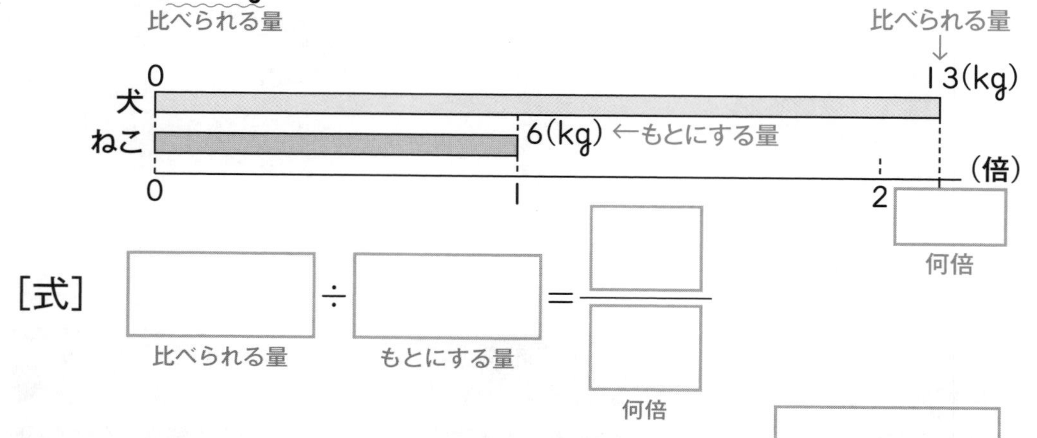

[答え]　　　倍

勉強した日　　月　　日

58 分数と小数 分数倍

理解

▶▶▶答えは別さつ13ページ

式:1問20点　答え:1つ15点

1 赤のリボンが7m，青のリボンが10mあります。赤のリボンの長さは，青のリボンの長さの何倍ですか。答えを，分数と小数で表しましょう。

（7m：比べられる量　10m：もとにする量）

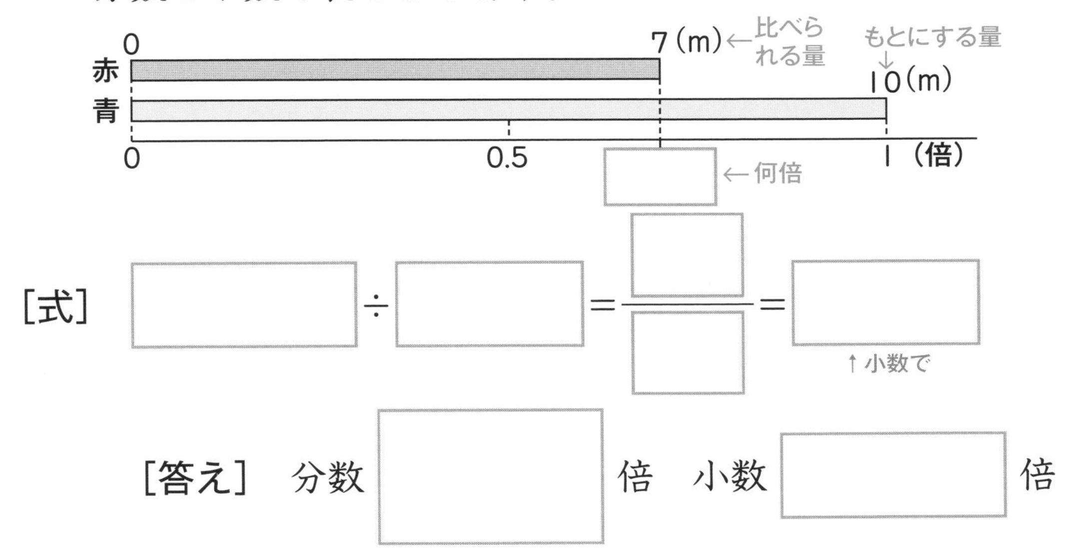

[式] □÷□＝□/□＝□（↑小数で）

[答え]　分数 □ 倍　小数 □ 倍

2 切手が12まい，はがきが9まいあります。はがきのまい数は，切手のまい数の何倍ですか。答えを，分数と小数で表しましょう。

（12まい：もとにする量　9まい：比べられる量）

[式] □÷□＝□/□＝□

[答え]　分数 □ 倍　小数 □ 倍

59 分数と小数 分数倍

▶▶▶答えは別さつ13ページ

式：1問10点　答え：1つ10点

1 右の表は，駅からいろいろな建物までの道のりを表しています。

駅からの道のり

建物	道のり(km)
学校	5
病院	3
ゆう便局	4

(1) 駅から学校までの道のりは，駅から病院までの道のりの何倍ですか。

[式]

[答え]

(2) 駅からゆう便局までの道のりは，駅から病院までの道のりの何倍ですか。

[式]

[答え]

(3) 駅から学校までの道のりは，駅からゆう便局までの道のりの何倍ですか。分数と小数で答えましょう。

[式]

[答え]　分数　　　　小数

(4) 駅から病院までの道のりは，駅からゆう便局までの道のりの何倍ですか。分数と小数で答えましょう。

[式]

[答え]　分数　　　　小数

分数と小数
分数倍

練習

▶▶▶答えは別さつ14ページ

点

式：1問10点　答え：1問15点

1 A，B，Cの3種類のケーキを買いました。買った個数は，右の表のとおりです。(1)～(4)の問いに，分数で答えましょう。小数で表せるものは，小数でも表しましょう。

買った個数

A	5個
B	7個
C	8個

(1)　CのケーキはBのケーキの何倍買いましたか。

[式]

[答え]

(2)　AのケーキはCのケーキの何倍買いましたか。

[式]

[答え]

(3)　BのケーキはCのケーキの何倍買いましたか。

[式]

[答え]

(4)　BのケーキはAのケーキの何倍買いましたか。

[式]

[答え]

分数と小数
分数と小数

理解

▶▶▶答えは別さつ14ページ

式：1問20点　答え：1つ15点

1 長さ9m（全体の長さ）のリボンを等分します。答えを，分数と小数で表しましょう。

(1) 5人（分ける人数）で等分すると，1人分の長さは何mになりますか。

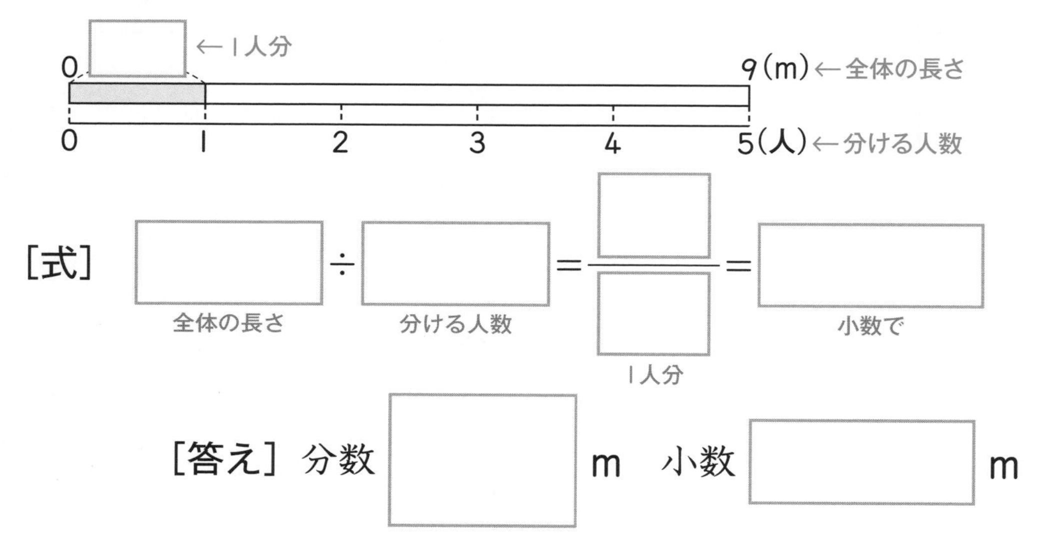

[答え] 分数 □ m　小数 □ m

(2) 12人（分ける人数）で等分すると，1人分の長さは何mになりますか。

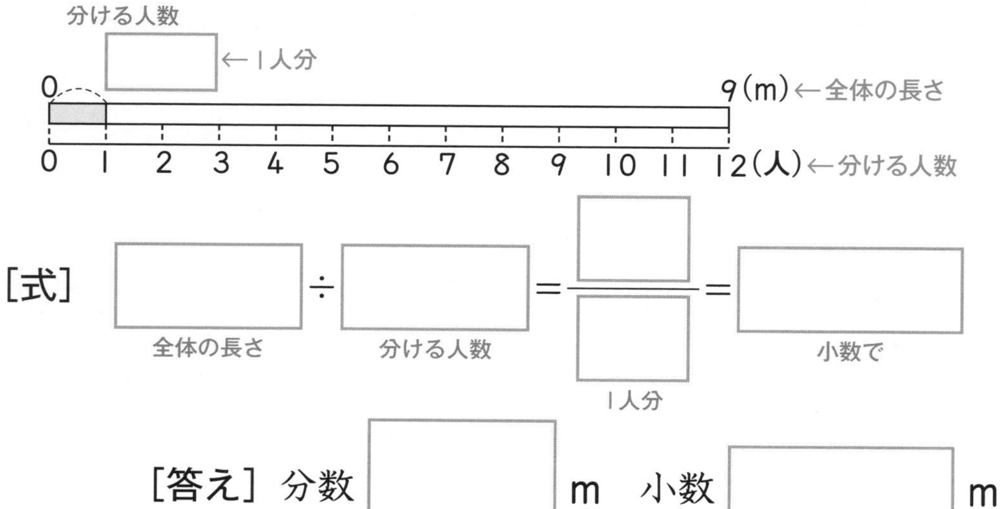

[答え] 分数 □ m　小数 □ m

勉強した日　　月　　日

62 分数と小数
分数と小数

▶▶▶答えは別さつ14ページ

点数　　点

式：1問20点　答え：1問30点

1 れなさんは，赤のリボンを0.7m，ピンクのリボンを$\frac{4}{5}$m持っています。どちらのリボンが長いですか。

（0.7m：赤のリボンの長さ　$\frac{4}{5}$m：ピンクのリボンの長さ）

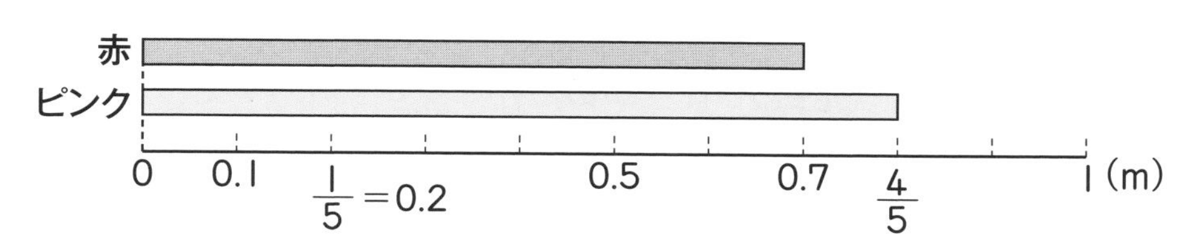

［式］　ピンクのリボンの長さを小数で表すと，

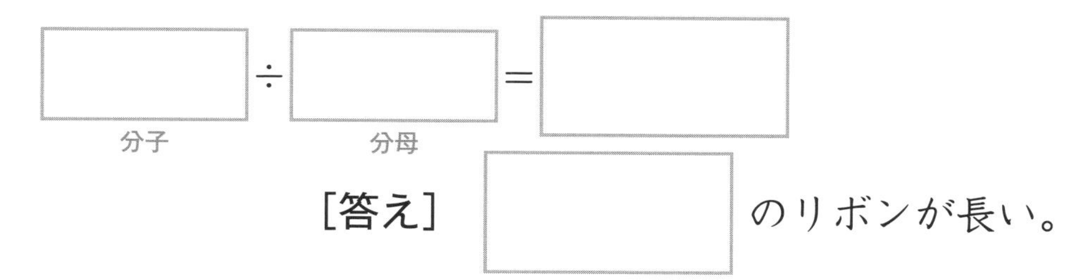

［答え］　　　　のリボンが長い。

2 A（エー），B（ビー）2つの箱があります。Aの箱の重さは1.6kg，Bの箱の重さは$\frac{7}{4}$kgです。どちらの箱が重いですか。

（1.6kg：Aの重さ　$\frac{7}{4}$kg：Bの重さ）

［式］　Bの箱の重さを小数で表すと，

［答え］　　　　の箱が重い。

月　日

▶▶▶答えは別さつ14ページ

式：1問10点　答え：1つ10点

1 2200mLのジュースを16人で等分しました。1人分が何mLになるか，答えを，分数と小数で表しましょう。

[式]

[答え]　分数　　　　小数

2 6kmある道のりを，8人がリレーで，同じ道のりずつ走ります。1人何kmずつ走ることになるか，答えを，分数と小数で表しましょう。

[式]

[答え]　分数　　　　小数

3 まきさんはクッキーを0.9kgもらいました。えりかさんは$\frac{7}{8}$kgもらいました。どちらが多くもらいましたか。

[式]

[答え]

4 家から駅までは4.3km，家から学校までは$\frac{21}{5}$kmあります。駅と学校のどちらが家から遠いですか。

[式]

[答え]

勉強した日　　月　　日

64

分数と小数のまとめ

どこから飛んできたのかな？

答えは別さつ 15 ページ

風船はどこから飛んできたのかな。1人分のジュースの量の多い順に文字をならべてみよう。

3Lのジュースを4人で分けました。　か

1Lのジュースを8人で分けました。　え

4Lのジュースを5人で分けました。　お

2Lのジュースを8人で分けました。　う

5Lのジュースを10人で分けました。　の

答え

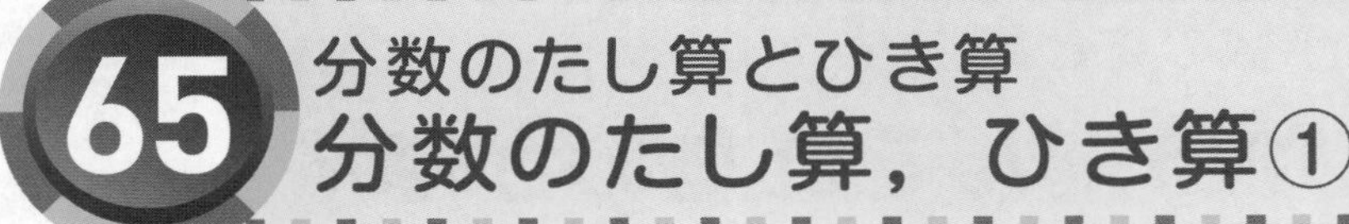

答えは別さつ15ページ

式：1問50点　答え：1問50点

1 ひろきさんは，物語を読んでいます。昨日は全体の$\frac{1}{4}$を（昨日読んだ量），今日は全体の$\frac{1}{6}$を（今日読んだ量）読みました。2日間で，どれだけ読みましたか。

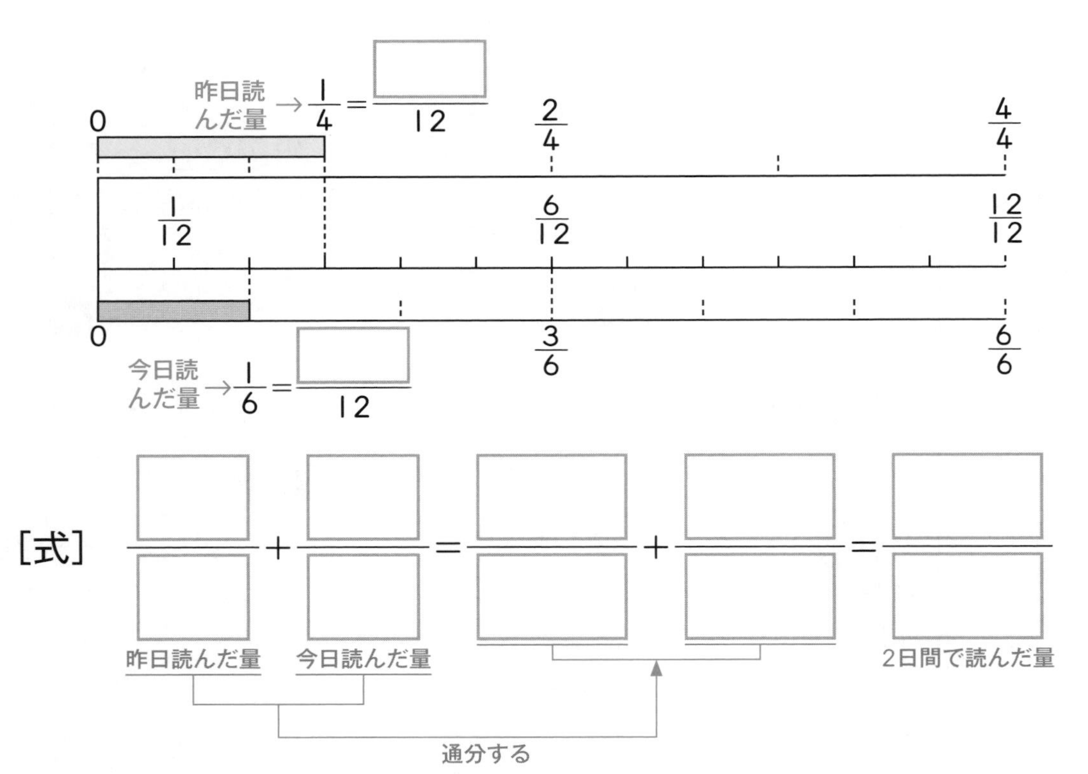

[答え]

勉強した日　　月　　日

66 分数のたし算とひき算
分数のたし算，ひき算①

▶▶▶答えは別さつ15ページ

式：1問20点　答え：1問30点

1 赤いリボンが$\frac{2}{3}$mあります。青いリボンは$\frac{3}{4}$mあります。

（赤いリボンの長さ）（青いリボンの長さ）

あわせると何mになりますか。

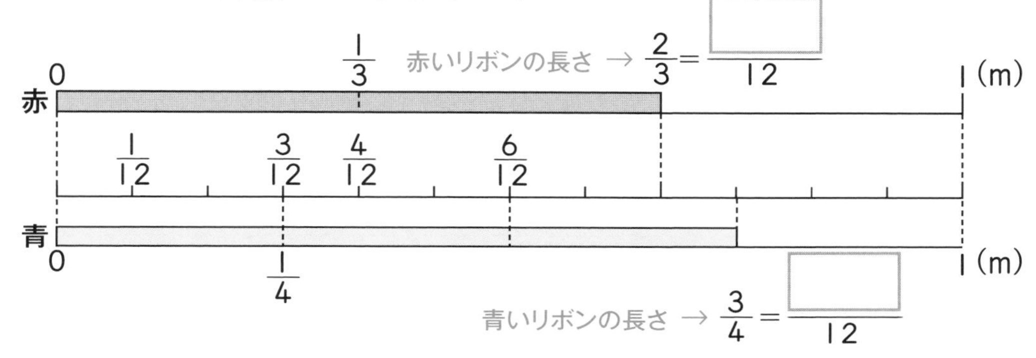

[式]　□ ＋ □ ＝ □ ＋ □ ＝ □

[答え]　□ m

2 オレンジジュースが$1\frac{1}{4}$Lあります。バナナジュースは$2\frac{3}{8}$Lあります。あわせると何Lになりますか。

[式]　□ ＋ □ ＝ □ ＋ □ ＝ □

[答え]　□ L

67 分数のたし算とひき算
分数のたし算，ひき算①

▶▶▶答えは別さつ16ページ

式:1問10点　答え:1問15点

1 せいじさんは，おじさんにもらったおこづかいの$\frac{1}{6}$でおかしを買い，$\frac{2}{9}$で本を買いました。おかしと本をあわせて，もらったおこづかいをどれだけ使いましたか。分数で表しましょう。

[式]

[答え]

2 お茶が大きいポットに$\frac{3}{4}$L，小さいポットに$\frac{3}{5}$L入っています。あわせて何Lありますか。

[式]

[答え]

3 あい子さんの家の子ねこの体重は$\frac{2}{5}$kg，親ねこの体重は$3\frac{1}{4}$kgです。2ひきあわせると，何kgになりますか。

[式]

[答え]

4 赤いリボンが$1\frac{1}{3}$m，青いリボンが$2\frac{2}{5}$mあります。あわせると何mになりますか。

[式]

[答え]

68 分数のたし算とひき算
分数のたし算，ひき算②

▶▶▶答えは別さつ16ページ

点

式：1問50点　答え：1問50点

1 赤いリボンが$\frac{4}{5}$m，青いリボンが$\frac{2}{3}$mあります。長さのちがいは何mですか。

赤の長さ　青の長さ

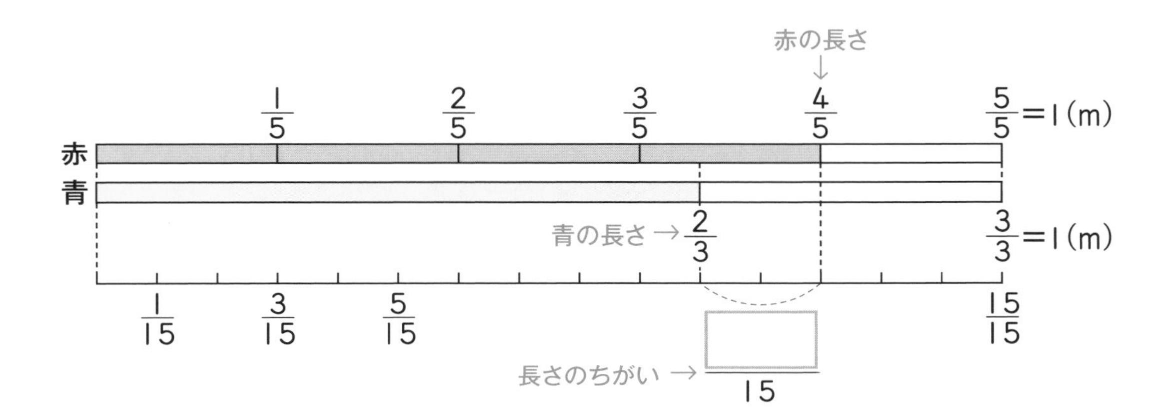

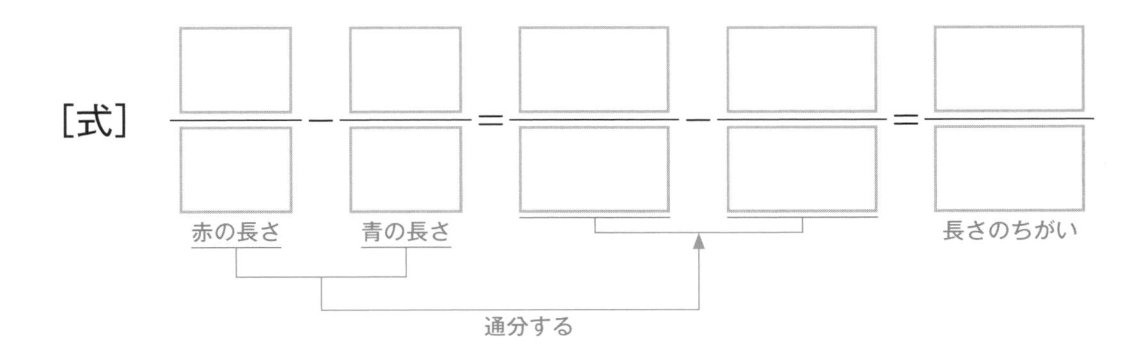

[答え]　　　m

勉強した日  月 日

69 分数のたし算とひき算 分数のたし算，ひき算②

▶▶▶答えは別さつ16ページ

点

式：1問20点　答え：1問30点

1 お茶が，大きいポットに$1\frac{1}{8}$L，小さいポットに$\frac{3}{4}$L入っています。量のちがいは何Lですか。

（大きいポットの量）（小さいポットの量）

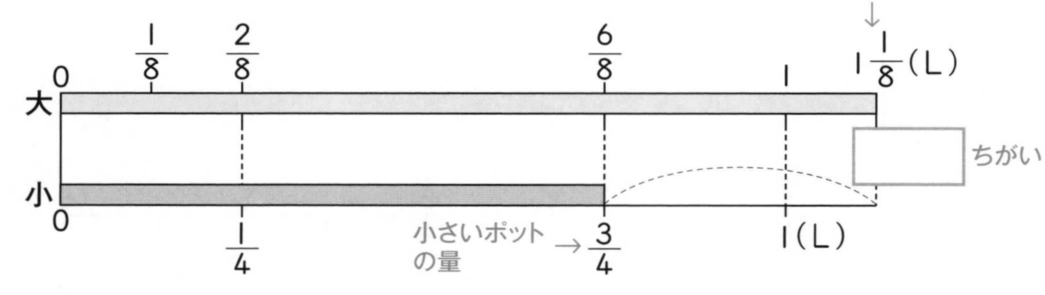

[式] □ − □ ＝ □ − □ ＝ □

[答え] □ L

2 りんごが$3\frac{1}{6}$kg，みかんが$1\frac{3}{4}$kgあります。どちらが何kg多いですか。

（りんごの量）（みかんの量）

[式] □ − □ ＝ □ − □ ＝ □

[答え] □ が 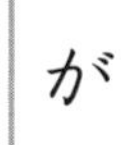 □ kg多い。

70 分数のたし算とひき算 分数のたし算，ひき算②

▶▶▶答えは別さつ16ページ

式：1問10点　答え：1問15点

1 $\frac{5}{8}$mあるリボンを，$\frac{1}{3}$m使いました。残りは何mですか。

[式]

[答え]

2 ジュースが$1\frac{1}{2}$Lあります。$\frac{4}{5}$L飲むと，残りは何Lですか。

[式]

[答え]

3 さくらさんの家から学校までは$\frac{7}{6}$kmあります。みちるさんの家から学校までは$1\frac{1}{2}$kmあります。どちらの家が何km学校に近いですか。

[式]

[答え]

4 A（エー）小学校のうさぎ小屋の面積は$8\frac{3}{5}$m^{2}です。B（ビー）小学校のうさぎ小屋の面積は$6\frac{3}{4}$m^{2}です。ちがいは何m^{2}ですか。

[式]

[答え]

勉強した日　月　日

71 分数のたし算とひき算
分数のたし算，ひき算③

▶▶▶答えは別さつ17ページ

式:1問50点　答え:1問50点

1 家にはじゃがいもが$\frac{2}{3}$kgあります。今日，$\frac{3}{5}$kg買い足したあと，$\frac{3}{4}$kgを使ってコロッケを作りました。じゃがいもは何kg残っていますか。

（はじめの量：$\frac{2}{3}$kg　増えた量：$\frac{3}{5}$kg　減った量：$\frac{3}{4}$kg）

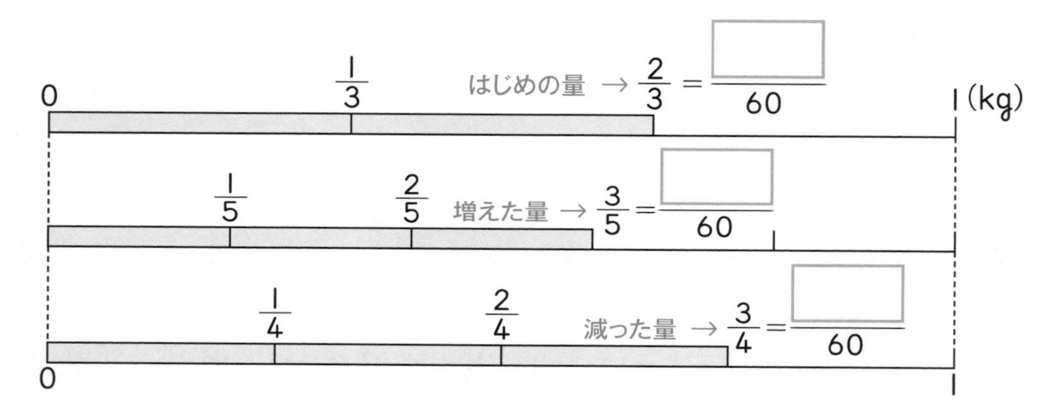

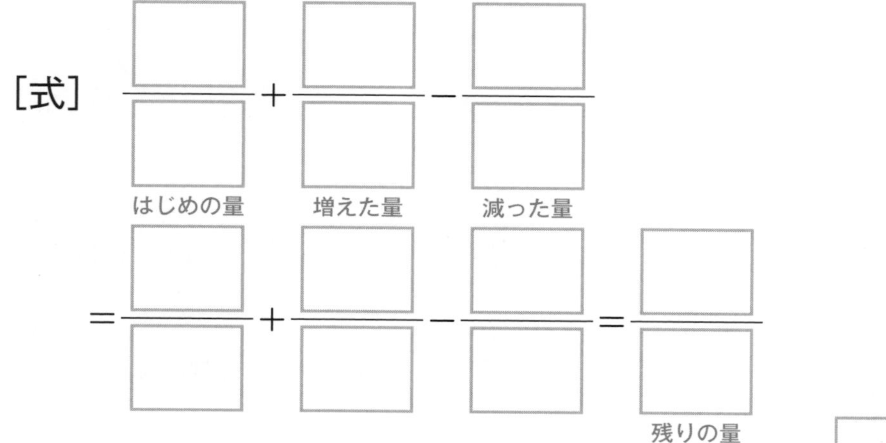

[答え] □ kg

勉強した日　　月　　日

72 分数のたし算とひき算
分数のたし算，ひき算③

▶▶▶答えは別さつ17ページ

式：1問20点　答え：1問30点

1 ジュースが1.5Lあります。$\frac{2}{5}$L飲むと残りは何Lですか。

（1.5L：もとの量　$\frac{2}{5}$L：飲んだ量）

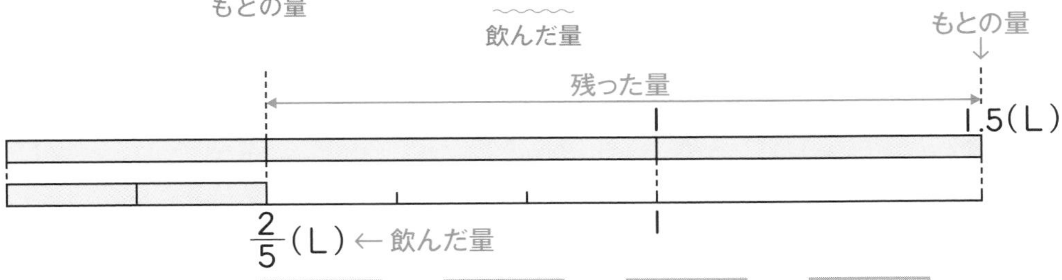

[式]

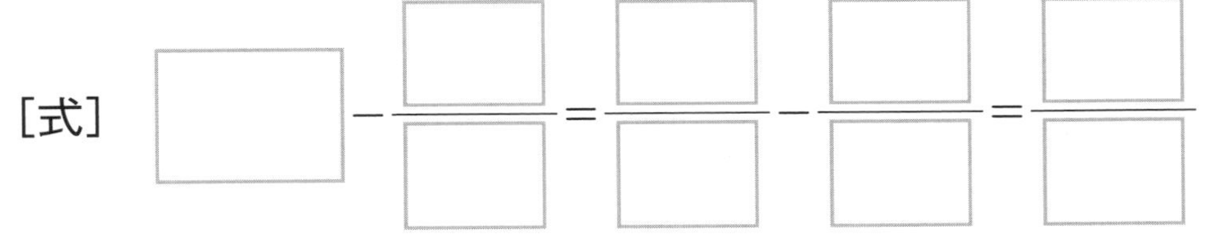

[答え]　　L

2 リボンが3.2mありました。昨日$\frac{1}{3}$mを使い，今日0.8m使いました。リボンは何m残っていますか。

（3.2m：もとの量　$\frac{1}{3}$m：使った量　0.8m：使った量）

[式]

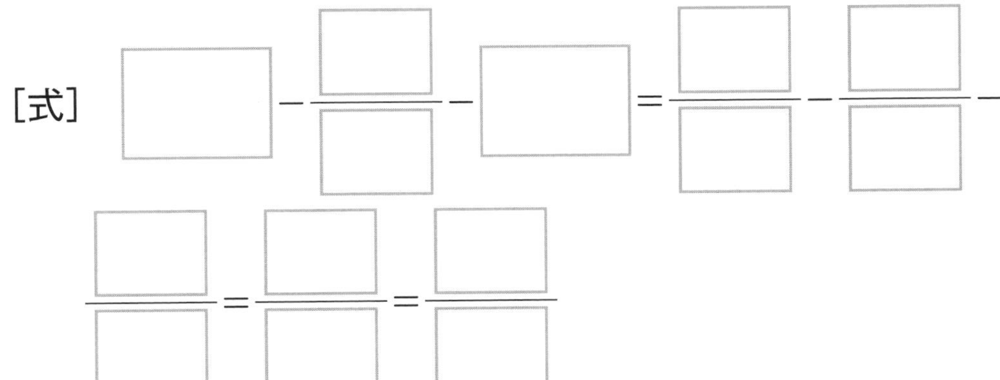

[答え]  m

73 分数のたし算とひき算
分数のたし算，ひき算③

▶▶▶答えは別さつ17ページ
式：1問10点　答え：1問15点

1 たかひろさんは，家から学校まで行くのに，最初の$\frac{1}{3}$kmを走り，残りの0.8kmを歩きました。たかひろさんの家から学校までの道のりは何kmですか。

[式]

[答え]

2 ぶどうのしぼりじるに水を$\frac{4}{5}$L足して，ぶどうジュースを2.4Lつくりました。ぶどうのしぼりじるは何L使いましたか。

[式]

[答え]

3 重さ$\frac{1}{4}$kgの皿にりんごを0.7kgとバナナを0.6kgのせました。全体の重さは何kgですか。

[式]

[答え]

4 5.8kgのすいかがあります。もと子さんが$\frac{1}{5}$kg，お兄さんが$\frac{1}{3}$kg食べました。すいかは何kg残りましたか。

[式]

[答え]

分数のたし算とひき算のまとめ
ごほうびは何かな？

答えは別さつ 18 ページ

右のような重さの，3つの荷物A（エー），B（ビー），C（シー）があります。正しい答えの方へ進んで，ごほうびをもらおう。

A	$\frac{4}{5}$kg
B	$\frac{1}{4}$kg
C	0.6kg

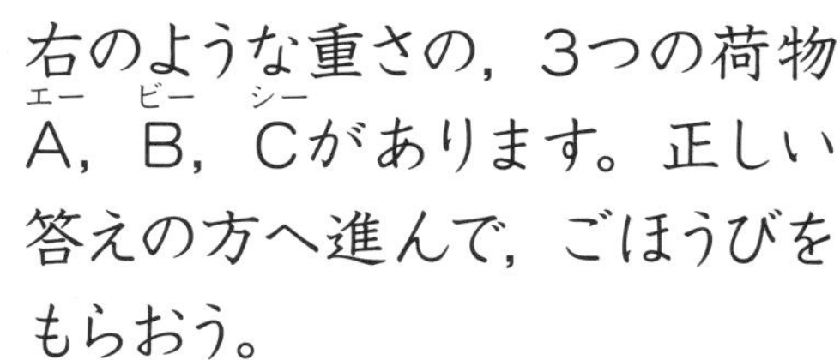

AとBをあわせた重さは何kg？

$\frac{21}{20}$　　$\frac{5}{9}$

AとCをあわせた重さは何kg？

$\frac{7}{10}$

BとCをあわせた重さは何kg？

$\frac{2}{5}$

AとCの重さのちがいは何kg？

BとCの重さのちがいは何kg？

0.35

AとBの重さのちがいは何kg？

0.55

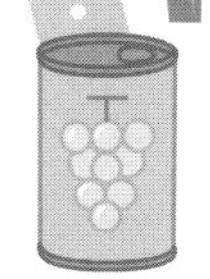

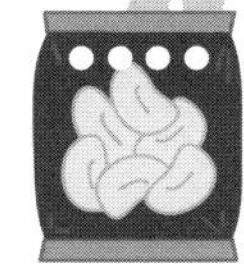

チョコレート　ケーキ　あめ　ジュース　ポテトチップス　アイスクリーム

▶▶▶答えは別さつ18ページ

式：1問20点　答え：1問30点

1 赤色のリボンが8m（もとにする量），黄色のリボンが5m（比べられる量）あります。赤色のリボンの長さをもとにして，黄色のリボンの長さの割合を小数で求めましょう。

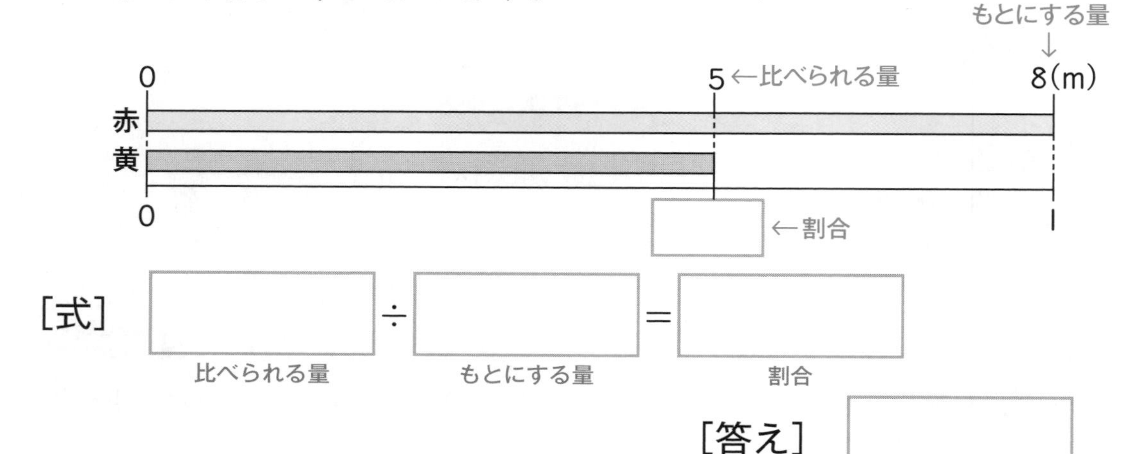

［式］ ☐ ÷ ☐ ＝ ☐
比べられる量　もとにする量　割合

［答え］ ☐

2 ページ数が120ページ（比べられる量）の本A（エー）と，80ページ（もとにする量）の本B（ビー）があります。Bの本のページ数をもとにして，Aの本のページ数の割合を小数で求めましょう。

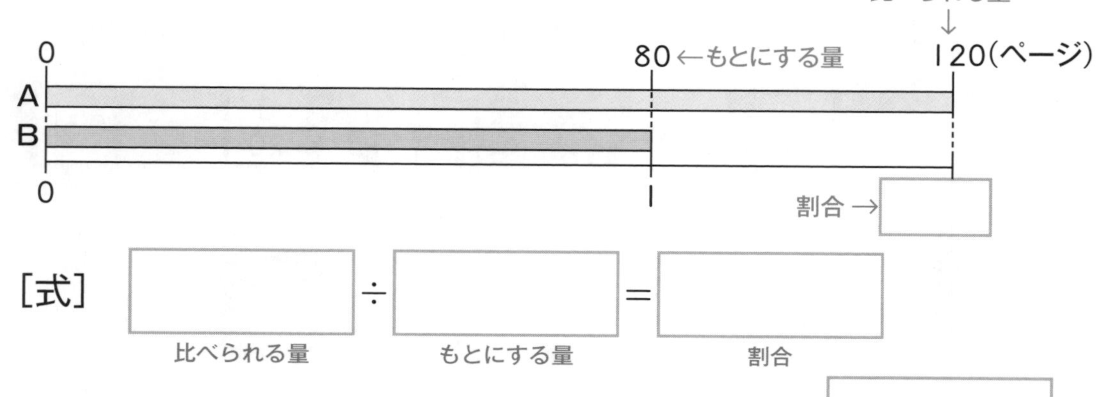

［式］ ☐ ÷ ☐ ＝ ☐
比べられる量　もとにする量　割合

［答え］ ☐

76 百分率 割合①

▶▶▶答えは別さつ19ページ

式:1問20点　答え:1問30点

点数　点

1 さくらさんは500円（もとにする量）を持って文ぼう具店へ行き，420円（比べられる量）分の買い物をしました。500円をもとにして，買った金額の割合を小数で求めましょう。

[式]　□ ÷ □ ＝ □

[答え]　□

2 とものりさんの去年のたん生日の体重は35kg（もとにする量）でした。今年のたん生日の体重は42kg（比べられる量）です。去年のたん生日の体重をもとにして，今年のたん生日の体重の割合を小数で求めましょう。

[式]　□ ÷ □ ＝ □

[答え]　□

勉強した日　　月　　日

▶▶▶答えは別さつ19ページ

式：1問10点　答え：1問15点

1 定員45人のバスに36人が乗っています。定員をもとにした乗車人数の割合を，小数で求めましょう。

[式]

[答え]

2 水800gの中に，塩が24gとけています。水の重さをもとにした塩の割合を，小数で求めましょう。

[式]

[答え]

3 まさなおさんの身長は140cmです。お父さんの身長は175cmです。まさなおさんの身長をもとにしたお父さんの身長の割合を，小数で求めましょう。

[式]

[答え]

4 ある店では，3900円で仕入れた品に5460円の定価をつけました。仕入れねをもとにした定価の割合を，小数で求めましょう。

[式]

[答え]

78 百分率 割合②

▶▶▶答えは別さつ19ページ

点数　　点

式：1問20点　答え：1問30点

1 深さ90cm（もとにする量）の水そうに，63cm（比べられる量）の深さまで水が入っています。水そうの深さをもとにした，水の深さの割合を，百分率で表しましょう。

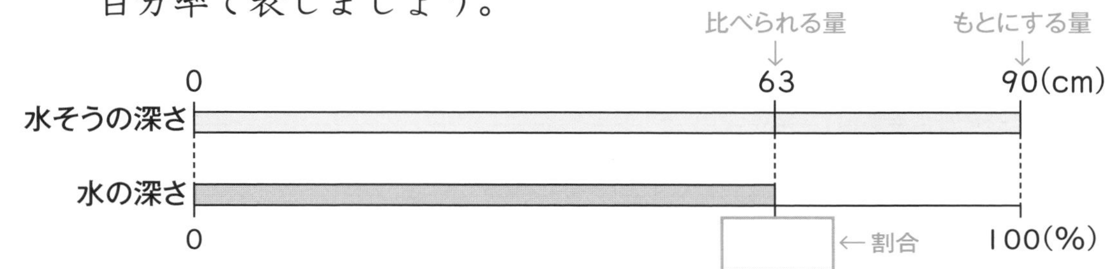

[式]　□（比べられる量）÷□（もとにする量）＝□（割合）

[答え]　□ %

2 なおとさんのクラスの人数は32人（もとにする量）です。今日，4人（比べられる量）が欠席しました。今日の欠席者数の割合は，クラスの人数の何%ですか。

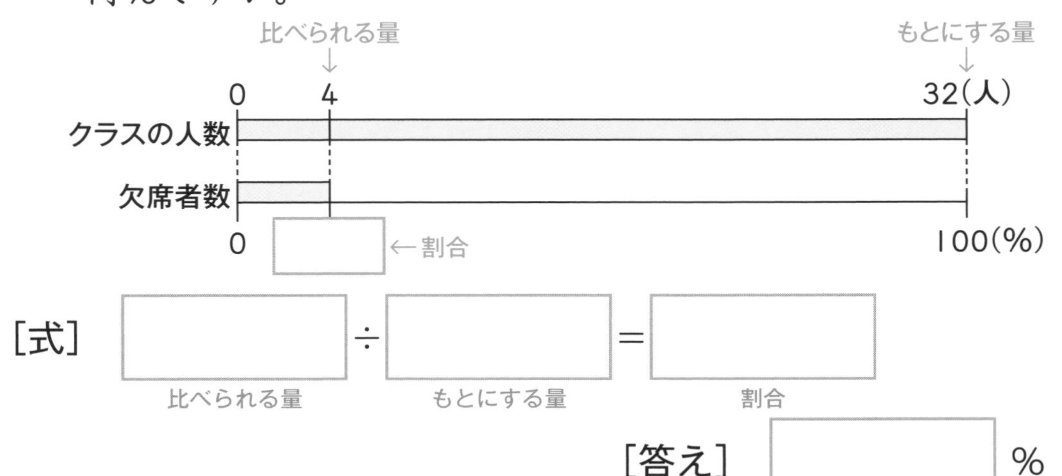

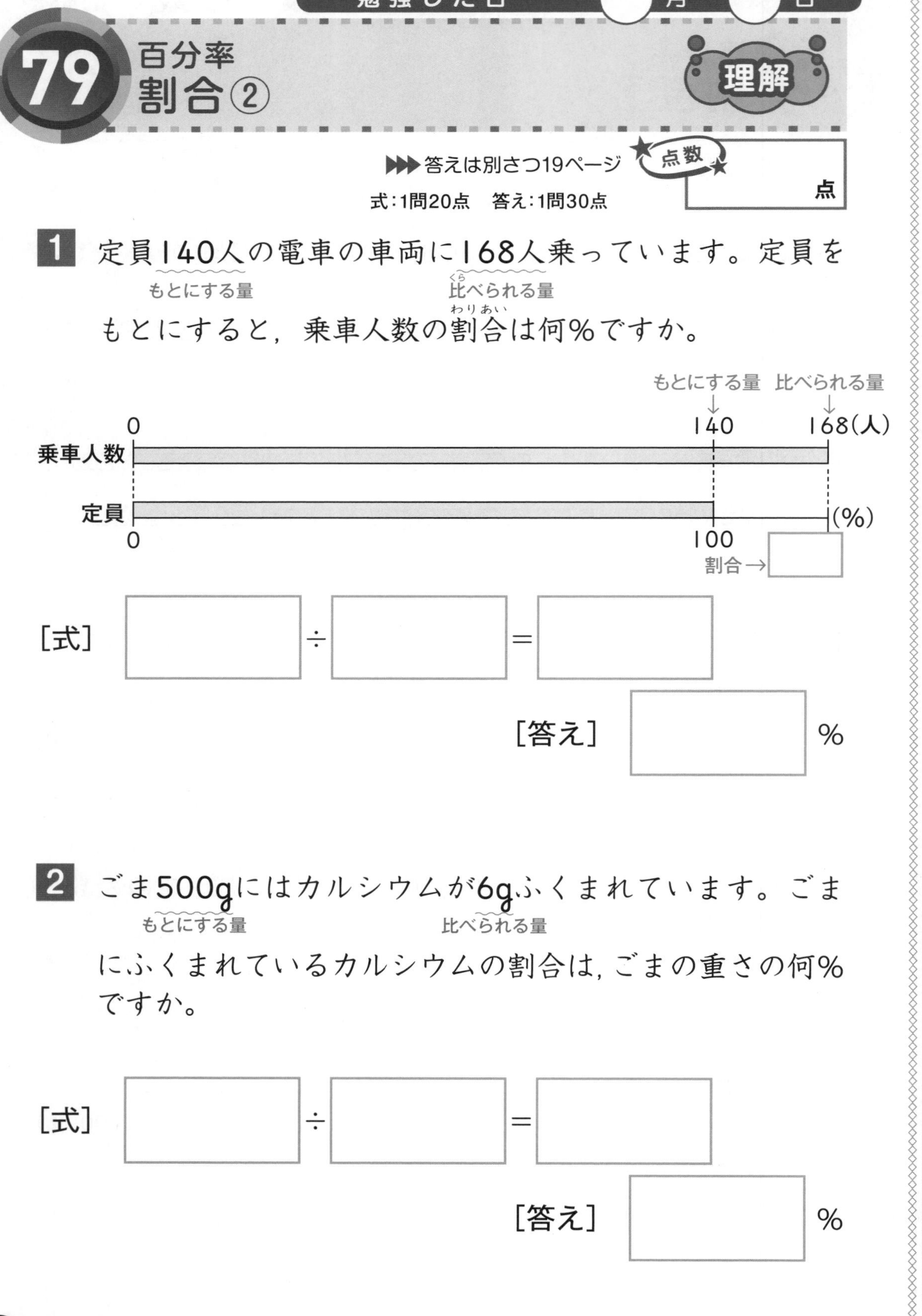

79 百分率 割合②

▶▶▶答えは別さつ19ページ

点数　　点

式：1問20点　答え：1問30点

1 定員140人の電車の車両に168人乗っています。定員をもとにすると，乗車人数の割合(わりあい)は何%ですか。

（140人：もとにする量　168人：比(くら)べられる量）

もとにする量　比べられる量

乗車人数　0　140　168(人)

定員　0　100　(%)

割合→

[式]　□÷□＝□

[答え]　□%

2 ごま500gにはカルシウムが6gふくまれています。ごまにふくまれているカルシウムの割合は，ごまの重さの何%ですか。

（500g：もとにする量　6g：比べられる量）

[式]　□÷□＝□

[答え]　□%

百分率 割合②

▶▶▶答えは別さつ20ページ

式:1問10点　答え:1問15点

点数　点

1 今日，みさきさんは，180ページある本のうち，63ページを読みました。みさきさんは，今日，この本の何%を読みましたか。

[式]

[答え]

2 さとしさんは，お父さんにもらった1200円のおこづかいを持って買い物に行き，750円を使いました。さとしさんは，もらったおこづかいの何%を使いましたか。

[式]

[答え]

3 ある店では，1200円で仕入れた品に，1680円の定価(ていか)をつけました。この品の定価の，仕入れねをもとにした割合(わりあい)を，百分率(ひゃくぶんりつ)で表しましょう。

[式]

[答え]

4 広さが8m²の花だんがあります。面積を広げて10m²にしました。広げたあとの花だんの面積は，もとの花だんの面積の何%ですか。

[式]

[答え]

81 百分率 割合③

▶▶▶答えは別さつ20ページ

式:1問20点　答え:1問30点

1 ジュースが800mLあります。このジュースには果じゅうが80%ふくまれています。このジュースの果じゅうは何mLですか。

（800mL：もとにする量　80%：割合（わりあい）　果じゅう：比（くら）べられる量）

果じゅう　0　比べられる量→□　もとにする量↓800(mL)

ジュース　0　80　100(%)

80＝割合→□　100＝1

[式] □（もとにする量）×□（割合）＝□（比べられる量）

[答え] □ mL

2 A（エー）公園の面積は4200m²です。B（ビー）公園の面積は，A公園の面積の140%の広さです。B公園の面積は何m²ですか。

（4200m²：もとにする量　140%：割合　B公園の面積：比べられる量）

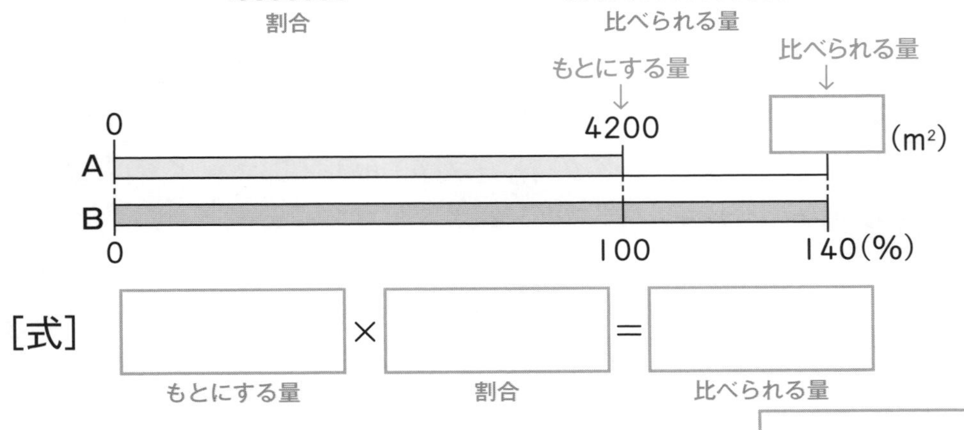

勉強した日　月　日

82 百分率 割合③

答えは別さつ20ページ

点数　点

式：1問20点　答え：1問30点

1 みすずさんは，今日，420ページ（もとにする量）ある本の5%（割合）を読みました。みすずさんは，今日，この本を何ページ（比べられる量）読みましたか。

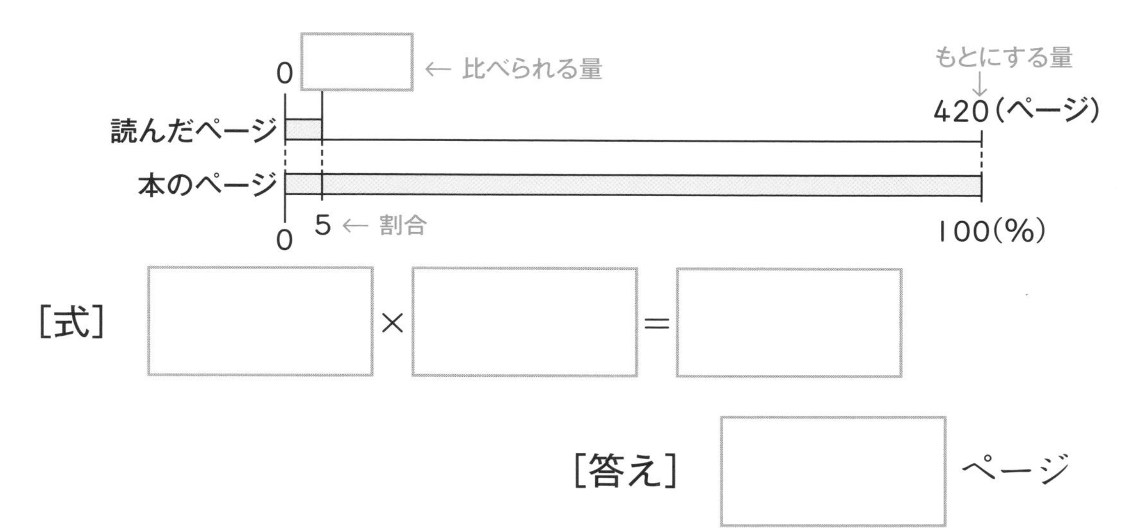

［式］　□ × □ ＝ □

［答え］　□ ページ

2 うら山にはえた竹の子の高さをはかりました。4月30日は30cm（もとにする量）で，5月6日には，4月30日の高さの320%（割合）になっていました。5月6日の竹の子の高さは何cmですか（比べられる量）。

［式］　□ × □ ＝ □

［答え］　□ cm

百分率 割合③

▶▶▶答えは別さつ20ページ

式:1問10点　答え:1問15点

1 お店にある定価(ていか)3500円のゲームソフトを，定価の84%で買いました。このゲームソフトをいくらで買いましたか。

[式]

[答え]

2 わたるさんの小学校の児童数は420人です。男子はそのうちの45%です。わたるさんの小学校の男子児童は何人ですか。

[式]

[答え]

3 にぼしには，重さの2%のカルシウムがふくまれています。にぼし50gには，カルシウムが何gふくまれていますか。

[式]

[答え]

4 ある工場で生産した商品のうち，200個(こ)を調べたところ，1.5%が不良品でした。この200個の中の不良品の数は何個ですか。

[式]

[答え]

百分率 割合③

▶▶▶答えは別さつ21ページ

点数　　点

式:1問10点　答え:1問15点

1 まさとしさんの家のねこは，生まれたときの体重が95gでした。10日目の体重は，生まれたときの180%になっていました。10日目の体重は何gですか。

[式]

[答え]

2 ある工場では，先月は製品Ａを45000個生産しました。今月は先月の104%を生産しました。今月の製品Ａの生産個数は何個ですか。

[式]

[答え]

3 もと子さんはリボンを4m持っています。お姉さんは，もと子さんのリボンの240%の長さのリボンを持っています。お姉さんはリボンを何m持っていますか。

[式]

[答え]

4 白米100gには，たんぱく質が2.5gふくまれています。同じ重さの食パンには，白米の372%のたんぱく質がふくまれています。食パン100gにはたんぱく質が何gふくまれていますか。

[式]

[答え]

勉強した日　月　日

85 百分率 割合④

▶▶▶答えは別さつ21ページ

式：1問20点　答え：1問30点

1 まもるさんの学校の，今年の児童数は423人で，去年の児童数の90%にあたります。去年の児童数は何人ですか。

（423人：比べられる量　90%：割合　去年の児童数：もとにする量）

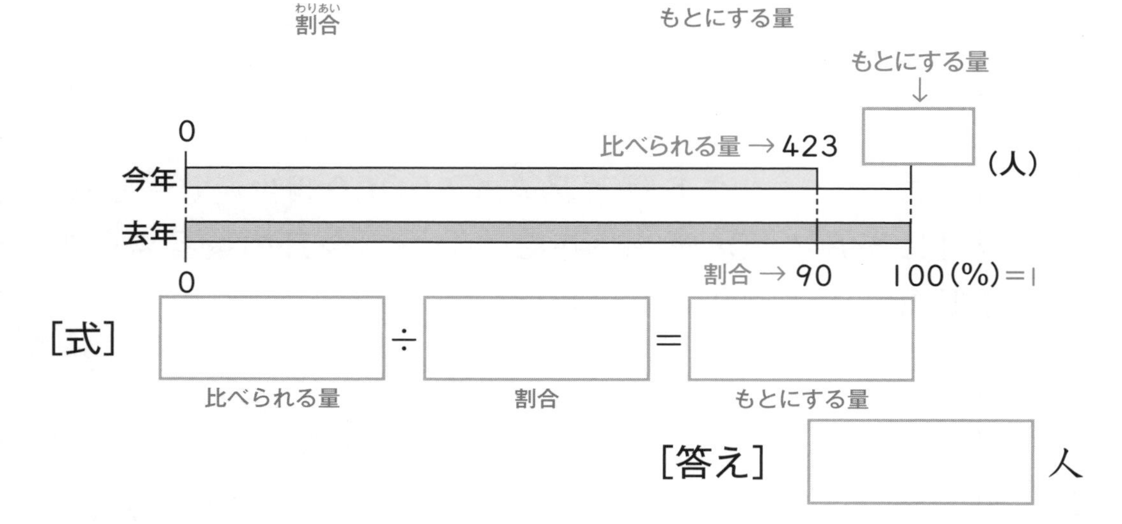

[式]　□ ÷ □ ＝ □
（比べられる量　割合　もとにする量）

[答え]　□ 人

2 ある農家では，畑の45%にあたる180m²にとうもろこしを植えました。この農家の畑の広さは何m²ですか。

（45%：割合　180m²：比べられる量　畑の広さ：もとにする量）

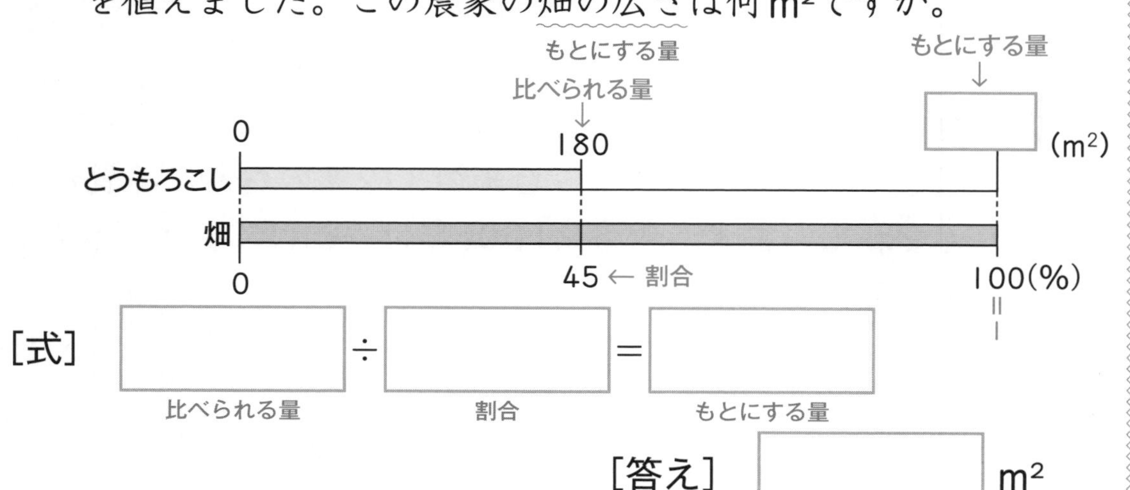

[式]　□ ÷ □ ＝ □
（比べられる量　割合　もとにする量）

[答え]　□ m²

勉強した日　　月　　日

86 百分率 割合④

▶▶▶答えは別さつ21ページ

点数　　点

式：1問20点　答え：1問30点

1 とおるさんは，おこづかいを5850円持っています。この金額は，弟の持っているおこづかいの130％にあたります。弟はおこづかいをいくら持っていますか。

（5850円：比べられる量　130％：割合）

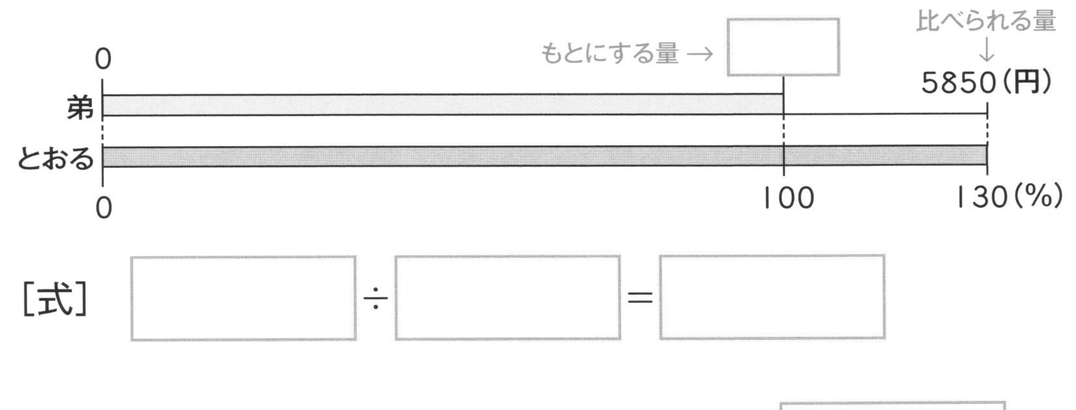

［式］　☐ ÷ ☐ ＝ ☐

［答え］　☐ 円

2 利根川の長さは，最上川の長さのおよそ140％で，322kmです。最上川の長さは，およそ何kmですか。

（140％：割合　322km：比べられる量　最上川の長さ：もとにする量）

［式］　☐ ÷ ☐ ＝ ☐

［答え］（およそ）☐ km

百分率 割合④

▶▶▶答えは別さつ21ページ

式：1問10点　答え：1問15点

1 たかしさんは，ある物語の本を234ページ読みました。読んだページ数は，この本全体の65%にあたります。この本は全部で何ページありますか。

[式]

[答え]

2 よし子さんは，冷ぞう庫にある牛にゅうのうち，5%にあたる120mLを飲みました。冷ぞう庫には，牛にゅうが何mLありましたか。

[式]

[答え]

3 ゆうきさんの学年には，めがねをかけている児童が18人います。これは，学年全体の児童数の12%にあたります。ゆうきさんの学年の人数は何人ですか。

[式]

[答え]

4 ひじきには，その重さの1.4%のカルシウムがふくまれています。カルシウムを7gとるには，ひじきは何g必要ですか。

[式]

[答え]

百分率 割合④

答えは別さつ21ページ

式:1問10点　答え:1問15点

1 あるバスには定員の140%にあたる56人が乗っていました。このバスの定員は何人ですか。

[式]

[答え]

2 A(エー)の印刷機は，1分間に400まいを印刷できます。これは，B(ビー)の印刷機の1分間の印刷まい数の125%にあたります。Bの印刷機は，1分間に何まい印刷できますか。

[式]

[答え]

3 あるケーキ屋さんのショートケーキ1個(こ)のねだんは330円で，シュークリームのねだんの220%です。この店のシュークリームのねだんはいくらですか。

[式]

[答え]

4 しんいちさんの家の畑の面積は2310m²で，ゆうきさんの家の畑の面積の165%です。ゆうきさんの家の畑の面積は何m²ですか。

[式]

[答え]

▶▶▶答えは別さつ22ページ

式：1問20点　答え：1問30点

1 ある店で，定価（ていか）130円（100%のねだん）のノートが20%（引いた割合（わりあい））引きのねだんで売られています。このノートの売りねはいくらですか。

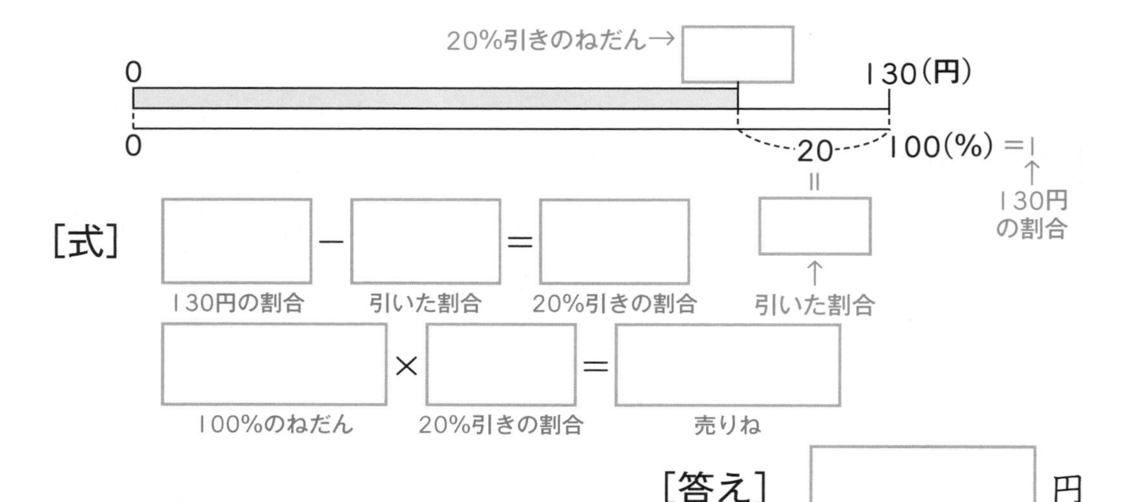

[式] □ − □ = □ 　（130円の割合 − 引いた割合 = 20%引きの割合）

□ × □ = □ 　（100%のねだん × 20%引きの割合 = 売りね）

[答え] □ 円

2 あるスポーツクラブでは，12000円（100%のねだん）だった会費を15%（増（ふ）えた割合）ね上げしました。会費はいくらになりましたか。

15%増えたねだん→ □ (円)

0　100%のねだん→12000

0　100 = 1　15% = □ ← 増えた割合

[式] □ + □ = □ 　（12000円の割合 + 増えた割合 = 15%増えた割合）

□ × □ = □ 　（100%のねだん × 15%増えた割合 = ね上がりした会費）

[答え] □ 円

90 百分率 割合⑤

▶▶▶答えは別さつ22ページ

点数　　点

式：1問20点　答え：1問30点

1 ひでみさんの学校の児童数は，今年は去年よりも12%（減った割合）減って，440人（12%減った人数）でした。去年の児童数は何人ですか。

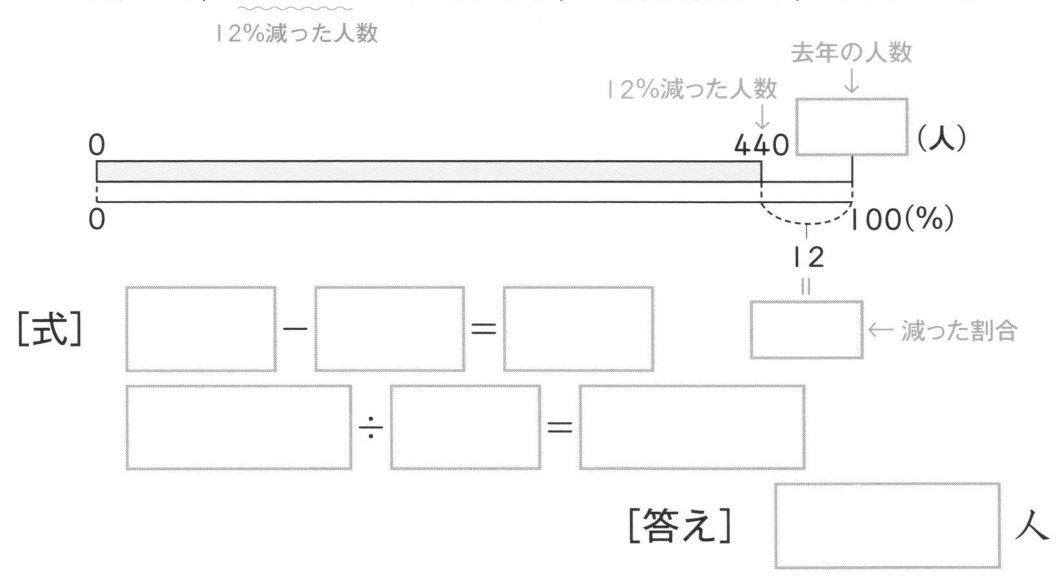

[式] □ － □ ＝ □

□ ÷ □ ＝ □

[答え] □ 人

2 あき子さんは，持っているリボンの5%（あげた割合）を妹にあげたため，リボンの長さは380cm（5%あげた残り）になりました。あき子さんは，はじめ，リボンを何cm持っていましたか。

[式] □ － □ ＝ □

□ ÷ □ ＝ □

[答え] □ cm

91 百分率 割合⑤

▶▶▶答えは別さつ22ページ

点数　　点

式：1問10点　答え：1問15点

1 まさやさんの学年の人数は120人です。そのうち15%の人に虫歯があります。虫歯のない人は何人いますか。

[式]

[答え]

2 A（エー）商店では4800円で品物を仕入れて，仕入れねの35%の利益（りえき）を見こんで定価（ていか）をつけました。この品物の定価はいくらですか。

[式]

[答え]

3 あるプラモデルのねだんは，去年は2800円でしたが，今年は15%ね上がりしました。今年のねだんはいくらですか。

[式]

[答え]

4 けい子さんは，定価1400円のケーキのセットを，5%引きで買いました。けい子さんはこのケーキのセットをいくらで買いましたか。

[式]

[答え]

92 百分率 割合⑤

▶▶▶答えは別さつ23ページ

点数　　点

式:1問10点　答え:1問15点

1 かおりさんは，物語の本を180ページ読みました。この本は，あと全体の25%残っています。この本のページ数は何ページですか。

[式]

[答え]

2 ある店でたまごを仕入れましたが，そのうちの2%をわってしまい，残りは2940個になりました。この店で仕入れたたまごは何個ですか。

[式]

[答え]

3 けんじさんは，録画したアニメのうち，60%を見ました。残りは54分あります。録画したアニメは，全部で何分ですか。

[式]

[答え]

4 なべの中の水に，32gの食塩を加えて食塩水を作りました。加えた食塩の量は，水の量の8%にあたります。食塩水は何gできますか。

[式]

[答え]

百分率のまとめ

弟は何才？

▶▶▶答えは別さつ 23 ページ

まさやくんの弟は何才かな。次の問題の答えと同じ数字のところをぬるとわかるよ。

1 800円の25%は何円ですか。

2 300円の120%は何円ですか。

3 500Lの60%増(ま)しは何Lですか。

4 400Lの4%は何Lですか。

5 1200円の15%引きは何円ですか。

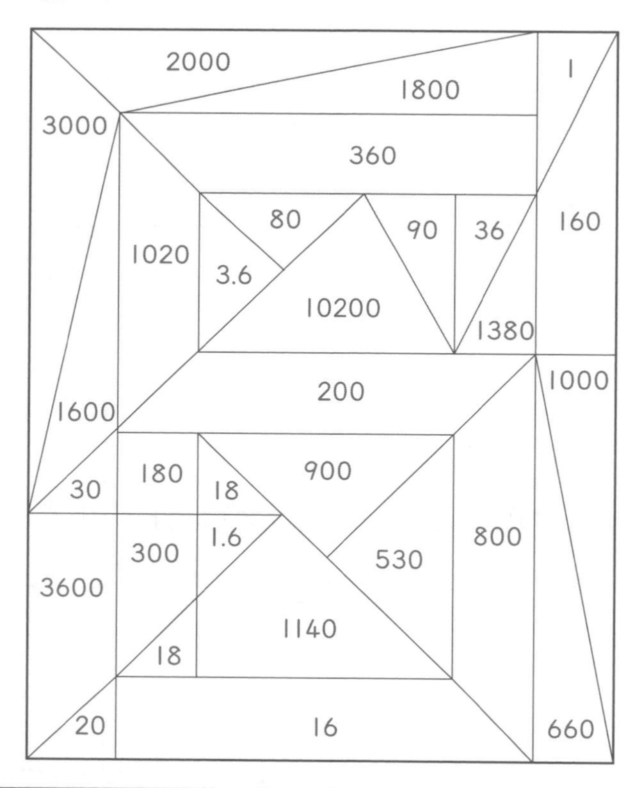

答え　　才

小学算数　文章題の正しい解き方ドリル　5年・別さつ

答えとおうちのかた手引き

1 小数のかけ算 小数のかけ算

本さつ4ページ

1 [式] 70×3.4＝238
（1mのねだん　買った長さ　代金）

[答え] 238円

2 [式] 2×0.8＝1.6
（1mの重さ　全体の長さ　全体の重さ）

[答え] 1.6kg

ポイント

かける数が小数のときも，関係の式は整数のときと同じです。1mあたりのねだんや重さに長さをかけると，全体のねだんや重さが求められます。

2 小数のかけ算 小数のかけ算

本さつ5ページ

1 [式] 5.6 × 2.5 ＝ 14
（1Lでぬることができる広さ　ペンキの量　ぬることができる広さ）

[答え] 14m²

2 [式] 1.4×0.85＝1.19
（1mの重さ　パイプの長さ　全体の重さ）

[答え] 1.19kg

ポイント

かけられる数が小数のときも，関係の式は整数のときと同じです。〈単位量あたりの大きさ〉×〈いくつ分〉＝〈全体の量〉の式にあてはめます。〈単位量あたりの大きさ〉と〈いくつ分〉が小数で表されています。

3 小数のかけ算 小数のかけ算

本さつ6ページ

1 [式] 250×3.4＝850
（1mのねだん　長さ　代金）

[答え] 850円

2 [式] 760×5.2＝3952
（1mの重さ　長さ　全体の重さ）

[答え] 3952g

3 [式] 4800×0.6＝2880
（1kgのねだん　重さ　代金）

[答え] 2880円

4 [式] 14×0.65＝9.1
（1mの重さ　長さ　全体の重さ）

[答え] 9.1kg

ポイント

〈単位量あたりの大きさ〉×〈いくつ分〉＝〈全体の量〉の式にあてはめます。1より大きい数をかけると，かけられる数より大きくなり，1より小さい数をかけると，かけられる数より小さくなります。

4 小数のかけ算 小数のかけ算

本さつ7ページ

1 [式] 6.3×2.5＝15.75
（1mの重さ　長さ　全体の重さ）

[答え] 15.75g

2 [式] 2.1×3.5＝7.35
（1kgにふくまれる量　全体の量　全体にふくまれる量）

[答え] 7.35g

3 [式] 0.92×0.4＝0.368
（1Lの重さ　全体の量　全体の重さ）

[答え] 0.368kg

4 [式] 1.8×0.7＝1.26
（1kgに使う量　全体の量　全体に使う量）

[答え] 1.26kg

ポイント

〈単位量あたりの大きさ〉，〈いくつ分〉がともに小数の場合です。**1** の答えは，6×2 より大きく，7×3 より小さい数，**3** の答えは，0.9×0.4 より大きく，1×0.4 より小さい数になると考えて，答えの確（たし）かめをしましょう。

5 小数のかけ算 小数倍①

▶▶▶本さつ8ページ

1 [式] 10÷8＝1.25
(比べられる量 ÷ もとにする量 ＝ 何倍)

[答え] 1.25倍

2 [式] 11÷4＝2.75
(比べられる量 ÷ もとにする量 ＝ 何倍)

[答え] 2.75倍

ポイント

〈何倍〉かは〈比(くら)べられる量〉÷〈もとにする量〉で求められます。何が〈もとにする量〉かをまちがえないようにしましょう。

6 小数のかけ算 小数倍①

▶▶▶本さつ9ページ

1 [式] 5÷8＝0.625
(比べられる量 ÷ もとにする量 ＝ 何倍)

[答え] 0.625倍

2 [式] 120÷300＝0.4
(比べられる量 ÷ もとにする量 ＝ 何倍)

[答え] 0.4倍

ポイント

〈比(くら)べられる量〉が〈もとにする量〉より小さいとき，倍を表す数は1より小さくなります。

ここがニガテ

〈何倍〉と聞かれて，大きい数を小さい数でわってしまうまちがいがあります。〈もとにする量〉と〈比べられる量〉を，とりちがえないようにしましょう。

7 小数のかけ算 小数倍①

▶▶▶本さつ10ページ

1 [式] 72÷32＝2.25
(比べられる量 ÷ もとにする量 ＝ 何倍)

[答え] 2.25倍

2 [式] 1980÷1200＝1.65
(比べられる量 ÷ もとにする量 ＝ 何倍)

[答え] 1.65倍

3 [式] 225÷180＝1.25
(比べられる量 ÷ もとにする量 ＝ 何倍)

[答え] 1.25倍

4 [式] 3.72÷2.4＝1.55
(比べられる量 ÷ もとにする量 ＝ 何倍)

[答え] 1.55倍

ポイント

○は□の何倍ですか。⇒○が〈比(くら)べられる量〉，□が〈もとにする量〉です。〈何倍〉かは，○÷□で求めます。

8 小数のかけ算 小数倍①

▶▶▶本さつ11ページ

1 [式] 21÷30＝0.7
(比べられる量 ÷ もとにする量 ＝ 何倍)

[答え] 0.7倍

2 [式] 96÷128＝0.75
(比べられる量 ÷ もとにする量 ＝ 何倍)

[答え] 0.75倍

3 [式] 24÷32＝0.75
(比べられる量 ÷ もとにする量 ＝ 何倍)

[答え] 0.75倍

4 [式] 95÷250＝0.38
(比べられる量 ÷ もとにする量 ＝ 何倍)

[答え] 0.38倍

ポイント

〈比(くら)べられる量〉が〈もとにする量〉より小さいので，1倍より小さくなることに注意しましょう。

9 小数のかけ算 小数倍②

▶▶▶本さつ12ページ

1 [式] 8×4.5＝36
(もとにする量 × 何倍 ＝ 比べられる量)

[答え] 36m

2 [式] 4×1.65＝6.6
(もとにする量 × 何倍 ＝ 比べられる量)

[答え] 6.6L

ポイント

〈比(くら)べられる量〉を求める問題です。
〈もとにする量〉×〈何倍〉＝〈比べられる量〉の式にあてはめます。

10 小数のかけ算 小数倍②

▶▶▶本さつ13ページ

1 [式] 45×0.4＝18
もとにする量　何倍　比べられる量
[答え] 18才

2 [式] 900×0.55＝495
もとにする量　何倍　比べられる量
[答え] 495g

ポイント
〈何倍〉を表す数が1より小さいので，〈比べられる量〉は，〈もとにする量〉より小さくなります。

11 小数のかけ算 小数倍②

▶▶▶本さつ14ページ

1 [式] 3×2.1＝6.3
もとにする量　何倍　比べられる量
[答え] 6.3L

2 [式] 15×1.45＝21.75
もとにする量　何倍　比べられる量
[答え] 21.75m

3 [式] 360×1.25＝450
もとにする量　何倍　比べられる量
[答え] 450円

4 [式] 1.8×1.2＝2.16
もとにする量　何倍　比べられる量
[答え] 2.16km

ポイント
ある量〈もとにする量〉の何倍かの量〈比べられる量〉を求める問題です。
〈もとにする量〉×〈何倍〉で求めます。

12 小数のかけ算 小数倍②

▶▶▶本さつ15ページ

1 [式] 20×0.85＝17
もとにする量　何倍　比べられる量
[答え] 17個

2 [式] 445×0.32＝142.4
もとにする量　何倍　比べられる量
[答え] 142.4g

3 [式] 178×0.9＝160.2
もとにする量　何倍　比べられる量
[答え] 160.2cm

4 [式] 12000×0.18＝2160
もとにする量　何倍　比べられる量
[答え] 2160m²

ポイント
〈何倍〉を表す数が1より小さい場合の，〈比べられる量〉を求める問題です。答えが〈もとにする量〉より小さくなっているか，確かめましょう。

13 小数のわり算 小数のわり算①

▶▶▶本さつ16ページ

1 [式] 210÷1.5＝140
代金　買った長さ　1mのねだん
[答え] 140円

2 [式] 6 ÷ 2.5 ＝ 2.4
全体の重さ　全体の長さ　1mの重さ
[答え] 2.4kg

ポイント
単位量あたりのねだんや重さを求める問題です。
わる数が小数のときも，関係の式は整数のときと同じです。
代金や重さを長さでわれば，1mあたりのねだんや重さを求めることができます。

14 小数のわり算 小数のわり算①

▶▶▶本さつ17ページ

1 [式] 5.2÷6.5＝0.8
まいた水の量　水をまいた広さ　1m²あたりの水の量
[答え] 0.8L

2 [式] 119.7÷0.15＝798
水分の重さ　じゃがいもの重さ　1kgあたりにふくまれる水分
[答え] 798g

ポイント

わる数，わられる数がともに小数の場合です。
式の立てかたは，整数の場合と同じです。
〈全体量〉÷〈いくつ分〉=〈単位量あたりの大きさ〉の式にあてはめます。

ここがニガテ

2 のように1kgより小さい数，0.15kgに対する量が示されている場合でも，0.15でわることで，1kgに対する量を求めることができます。
1kgあたりの水分を□gとすると，□×0.15=119.7 となるので，□は 119.7÷0.15 で求められることがわかります。

15 小数のわり算 小数のわり算①

▶▶▶本さつ18ページ

1 [式] 4÷1.6=2.5
（重さ 長さ 1mの重さ）
[答え] 2.5kg

2 [式] 1700÷12.5=136
（代金 量 1Lあたりのねだん）
[答え] 136円

3 [式] 129÷0.86=150
（重さ 長さ 1mの重さ）
[答え] 150g

4 [式] 14÷0.4=35
（とれた塩の量 海水の量 海水1kgあたりの塩の量）
[答え] 35g

ポイント

〈単位量あたりの大きさ〉を求める問題です。わる数とわられる数をまちがえないようにしましょう。求める量を□とすると，
1 は，□×1.6=4→ □=4÷1.6
2 は，□×12.5=1700→ □=1700÷12.5
3 は，□×0.86=129→ □=129÷0.86
4 は，□×0.4=14→ □=14÷0.4
のように考えると，わかりやすいでしょう。

16 小数のわり算 小数のわり算①

▶▶▶本さつ19ページ

1 [式] 56.8 ÷ 0.8 = 71
（カルシウムの量 ほしエビの量 1kgにふくまれるカルシウムの量）
[答え] 71g

2 [式] 442.8÷98.4=4.5
（重さ 長さ 1mの重さ）
[答え] 4.5g

3 [式] 1.44÷1.8=0.8
（果じゅうの量 ジュースの量 1Lにふくまれる果じゅうの量）
[答え] 0.8L

4 [式] 6.15÷8.2=0.75
（広さ ペンキの量 1dLでぬることができる広さ）
[答え] 0.75m²

ポイント

わる数，わられる数がともに小数の場合の，〈単位量あたりの大きさ〉を求める問題です。
〈単位量あたりの大きさ〉を求めたら，問題文にもどって，確かめましょう。たとえば 2 では，1mの重さ(4.5)×長さ(98.4)がマフラーの重さになっているか，確かめます。

17 小数のわり算 小数のわり算②

▶▶▶本さつ20ページ

1 [式] 3.4÷0.8=4あまり0.2
（全体の長さ 1人分の長さ 何人分 あまり）
[答え] 4人に配ることができて，0.2mあまる。

2 [式] 8.5÷0.6=14あまり0.1
（全体の量 1つ分の量 何ふくろ あまり）
[答え] 14ふくろできて，0.1kgあまる。

ポイント

「いくつ分」と「あまり」を求める問題です。
〈全体の量〉÷〈分ける数〉=〈いくつ分〉+〈あまり〉になります。ここでの〈いくつ分〉は，人数やふくろの数なので，商は整数で求め，あまりを出します。小数のわり算では，小数点の位置に気をつけて，けん算もしましょう。

18 小数のわり算 小数のわり算②

▶▶▶本さつ21ページ

1 [式] 185÷15.5=11あまり14.5
（全体の長さ 1つ分 いくつ分 あまり）
[答え] 11本できて，14.5cmあまる。

2 [式] 5÷0.8=6あまり0.2
（全体の量 1つ分 いくつ分 あまり）
[答え] 6つに入れられて，0.2Lあまる。

ポイント

「いくつ分」と「あまり」を求める問題で，全体の長さや量が整数の問題です。

19 小数のわり算 小数のわり算②

▶▶▶本さつ22ページ

1 ［式］ 5.6÷0.65＝8あまり0.4
（全体の量　1つ分　いくつ　あまり）
［答え］ 8つできて，0.4mあまる。

2 ［式］ 3.5÷0.18＝19あまり0.08
（全体の量　1つ分　いくつ　あまり）
［答え］ 19まいできて，0.08kgあまる。

3 ［式］ 60÷4.5＝13あまり1.5
（全体の量　1つ分　いくつ　あまり）
［答え］ 13個（こ）できて，1.5gあまる。

4 ［式］ 80÷3.8＝21あまり0.2
（全体の量　1つ分　いくつ　あまり）
［答え］ 21まいぬれて，0.2dLあまる。

ポイント

「いくつ分」を整数で求めて，あまりも求める問題です。〈全体の量〉÷〈1つ分の量〉で求めます。

20 小数のわり算 小数のわり算③

▶▶▶本さつ23ページ

1 ［式］ 1.34÷1.2＝1.11……
（全体の重さ　全体の量　1Lの重さ）
［答え］ 約1.1kg

2 ［式］ 16.24÷6.5＝2.49……
（全体の重さ　全体の広さ　1m²の重さ）
［答え］ 約2.5kg

ポイント

〈単位量あたりの大きさ〉を上から2けたのがい数で求める問題です。わり算の商を上から3けたまで求めて，四捨五入（ししゃごにゅう）して答えます。

21 小数のわり算 小数のわり算③

▶▶▶本さつ24ページ

1 ［式］ 1.5÷0.4＝3.75
（全体の長さ　全体の重さ　1kgの長さ）
［答え］ 約3.8m

2 ［式］ 0.65÷0.3＝2.16……
（ビタミンCの量　焼きのりの量　焼きのり1kgにふくまれる量）
［答え］ 約2.2g

ポイント

示（しめ）された量が1より小さい場合について，1にあたる量〈単位量あたりの大きさ〉を求める問題です。わる数とわられる数をとりちがえないように気をつけましょう。

22 小数のわり算 小数のわり算③

▶▶▶本さつ25ページ

1 ［式］ 52.8÷6.2＝8.51……
（重さ　長さ　1mの重さ）
［答え］ 約8.5g

2 ［式］ 25.6÷7.4＝3.45……
（重さ　広さ　1m²あたりの重さ）
［答え］ 約3.5kg

3 ［式］ 1.25÷0.8＝1.56……
（重さ　量　1Lの重さ）
［答え］ 約1.6kg

4 ［式］ 47.1÷0.6＝78.5
（重さ　厚（あつ）さ　厚さ1cmの重さ）
［答え］ 約79kg

ポイント

1より大きい量に対する重さが□のとき，単位量あたりの重さは□より小さくなり，1より小さい量に対する重さが□のとき，単位量あたりの重さは□より大きくなります。

23 小数のわり算 倍とわり算①

▶▶▶本さつ26ページ

1 ［式］ 2.34÷1.8＝1.3
（比べられる量　もとにする量　何倍）
［答え］ 1.3倍

2 ［式］ 47.2÷3.2＝14.75
（比べられる量　もとにする量　何倍）
［答え］ 14.75倍

ポイント

〈比べられる量〉や〈もとにする量〉が小数の場合でも，何倍かを求めるには，わり算になります。〈比べられる量〉÷〈もとにする量〉＝〈何倍〉の式にあてはめます。

24 小数のわり算 倍とわり算①

▶▶▶本さつ27ページ

1 [式] 0.9÷1.5＝0.6
比べられる量 もとにする量 何倍
[答え] 0.6倍

2 [式] 3.6÷4.5＝0.8
比べられる量 もとにする量 何倍
[答え] 0.8倍

ポイント

○は□の何倍ですか。→ ○÷□で求めます。ここでは，もとにする量が比べられる量より大きいので，1倍より小さくなります。

25 小数のわり算 倍とわり算①

▶▶▶本さつ28ページ

1 [式] 4.2÷3.5＝1.2
比べられる量 もとにする量 何倍
[答え] 1.2倍

2 [式] 78.6÷52.4＝1.5
比べられる量 もとにする量 何倍
[答え] 1.5倍

3 [式] 0.5÷0.8＝0.625
比べられる量 もとにする量 何倍
[答え] 0.625倍

4 [式] 33.2÷41.5＝0.8
比べられる量 もとにする量 何倍
[答え] 0.8倍

ポイント

1 A駅 B駅 C駅
3.5km もとにする量
4.2km 比べられる量

26 小数のわり算 倍とわり算②

▶▶▶本さつ29ページ

1 [式] 4320÷2.4＝1800
比べられる量 何倍 もとにする量
[答え] 1800円

2 [式] 135÷0.9＝150
比べられる量 何倍 もとにする量
[答え] 150cm

ポイント

小数倍の，〈もとにする量〉を求める問題です。〈比べられる量〉÷〈何倍〉＝〈もとにする量〉の式にあてはめて求めます。求める量〈もとにする量〉を□とすると，□×〈何倍〉＝〈比べられる量〉となることから考えましょう。

27 小数のわり算 倍とわり算②

▶▶▶本さつ30ページ

1 [式] 4.8÷1.2＝4
比べられる量 何倍 もとにする量
[答え] 4g

2 [式] 18.2÷0.7＝26
比べられる量 何倍 もとにする量
[答え] 26km²

ポイント

〈比べられる量〉と〈何倍〉にあたる数が小数のときの，〈もとにする量〉を求める問題です。〈比べられる量〉を〈何倍〉でわって，求めます。

28 小数のわり算 倍とわり算②

▶▶▶本さつ31ページ

1 [式] 192÷1.5＝128
比べられる量 何倍 もとにする量
[答え] 128cm

2 [式] 76÷0.95＝80
比べられる量 何倍 もとにする量
[答え] 80円

3 [式] 150.5÷1.4＝107.5
比べられる量 何倍 もとにする量
[答え] 107.5g

4 [式] 2.55÷0.75＝3.4
比べられる量 何倍 もとにする量
[答え] 3.4km

ポイント

○は□の△倍であるときの□を求める問題です。
○÷△で求めます。

29 小数のかけ算，小数のわり算のまとめ たからを手に入れよう

▶▶▶本さつ32ページ

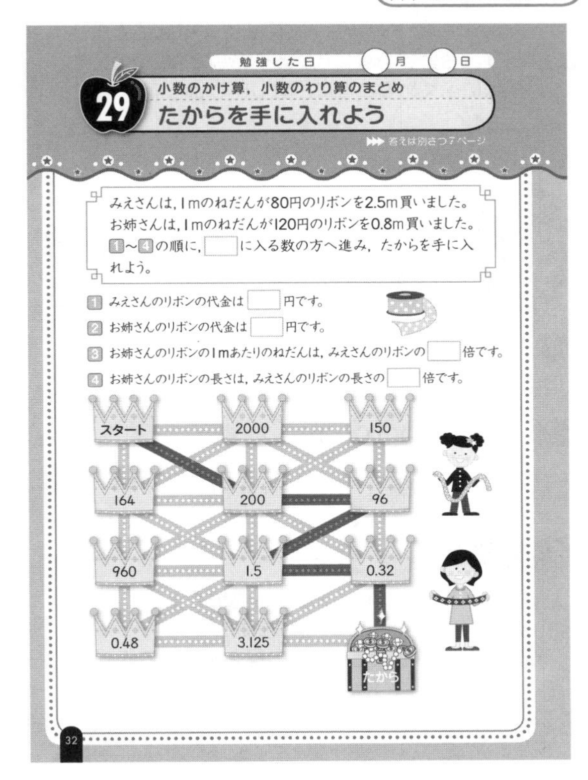

30 単位量あたりの大きさ 平均①

理解

▶▶▶本さつ33ページ

1 (1) [式] (180+240+180+150+200+310)÷6=210
（6日間に飲んだ量，日数，1日の平均の量）

[答え] 210mL

(2) [式] 1260÷7=180
（7日間に飲んだ量，日数，1日の平均の量）

[答え] 180mL

ポイント

平均（へいきん）は〈合計〉÷〈個数〉で求めます。
1 (1)では，合計は6日間に飲んだ牛にゅうの量の合計，個数は6になります。(2)では，7日間の平均なので，個数は7になります。

31 単位量あたりの大きさ 平均①

▶▶▶本さつ34ページ

1 [式] (125+132+135+120+143)÷5
（5個の重さの合計，個数）
=131
（1個の平均の重さ）

[答え] 131g

2 [式] (290+266+250+321+285)÷5
（5回の記録の合計，とんだ回数）
=282.4
（1回の平均の記録）

[答え] 282.4cm

ポイント

〈合計〉÷〈個数〉=〈平均〉の式にあてはめます。
1 では，5個の重さの合計を求めてから，個数の5でわって平均を出します。

32 単位量あたりの大きさ 平均①

▶▶▶本さつ35ページ

1 [式] (12+8+23+16+4)÷5
（5人の時間の合計，人数）
=12.6
（1人の平均の時間）

[答え] 12.6分

2 [式] (38.5+43.8+30.8+35.2+32.5+39.4)÷6=36.7
（6人の体重の合計，人数，1人の平均の体重）

[答え] 36.7kg

3 (1) [式] (6.8+16.6+10+15.2+10.8)÷5=59.4÷5=11.88
（5本の長さの合計，本数，1本の平均の長さ）

[答え] 11.88cm

(2) [式] (59.4+18)÷6=12.9
（6本の長さの合計，本数，1本の平均の長さ）

[答え] 12.9cm

ポイント

〈合計〉÷〈個数〉=〈平均〉の式にあてはめます。

ここが ニガテ

3 (2)で，(11.88+18)÷2=14.94 としないようにしましょう。6本の長さの合計を求めてから，本数の6でわって平均を出します。
（11.88：5本のえん筆の平均）

33 単位量あたりの大きさ 平均②

▶▶▶本さつ36ページ

1 (1) ［式］ (9＋10＋8＋10＋9＋8)
6回分の合計点
÷6＝9
回数　1回の平均点

［答え］ 9点

(2) ［式］ (54 ＋ 0 ＋ 8) ÷ 8 ＝ 7.75
6回分の合計点　7回の得点　8回の得点　回数　1回の平均点

［答え］ 7.75点

ポイント

テストの点数など，ふつうは整数であつかうものでも，平均(へいきん)では小数で答えることがあります。(2)では，0点のときも回数に入れて，8でわります。

34 単位量あたりの大きさ 平均②

▶▶▶本さつ37ページ

1 ［式］ (2＋1＋1＋0＋3)÷5
5日間の人数の合計　日数
＝1.4
1日の平均の欠席人数

［答え］ 1.4人

2 ［式］ (5＋0＋9＋11＋8＋12)÷6
6か月間で雨のふった日数の合計　月数
＝7.5
ひと月のうちで雨のふった日数の平均

［答え］ 7.5日

ポイント

人数や日数などでも，平均(へいきん)をとるときは小数で表すことがあります。指示(しじ)がない場合は，四捨(ししゃ)五入(ごにゅう)や切り捨(す)てなどをせずに，小数で答えましょう。

35 単位量あたりの大きさ 平均②

▶▶▶本さつ38ページ

1 ［式］ (130＋115＋190＋128＋125)÷5
5個のねだんの合計　個数
＝137.6
平均のねだん

［答え］ 137.6円

2 ［式］ (15＋8＋10＋7＋7)÷5＝9.4
5日間の合計　日数　折った平均の数

［答え］ 9.4羽

3 ［式］ (6＋3＋5＋8＋5＋0＋4＋6＋3＋4)
10日間の合計
÷10＝4.4
日数　平均の個数

［答え］ 4.4個(こ)

4 ［式］ (15＋20＋18＋0＋25＋21)÷6
6日間の合計　日数
＝16.5
平均

［答え］ 16.5題

ポイント

〈合計〉÷〈個数〉＝〈平均(へいきん)〉の式にあてはめて求めます。合計する量に0がある場合でも，0の分を個数にふくめることに注意しましょう。

36 単位量あたりの大きさ 平均③

▶▶▶本さつ39ページ

1 ［式］ 180×7＝1260
1日の量の平均　日数　全体の量

［答え］ 1260mL

2 ［式］ 15×10＝150
1日の量の平均　日数　全体の量

［答え］ 150ページ

ポイント

平均から全体の量を予想する問題です。
〈合計〉÷〈個数〉＝〈平均(へいきん)〉ですから，
〈平均〉×〈個数〉で，全体の量を求めることができます。

37 単位量あたりの大きさ 平均③

▶▶▶本さつ40ページ

1 ［式］ 13.8 × 30 ＝ 414
1Lで走る道のりの平均　ガソリンの量　合計

［答え］ 414km

2 ［式］ 2.5×12＝30
1か月に読む量の平均　月数　合計

［答え］ 30さつ

ポイント

36と同じように，平均(へいきん)から全体の量を予想する問題で，平均は小数で表されています。
1 は，1Lのガソリンで平均13.8km走ると考えて，〈平均〉×〈個数(こすう)(ガソリンの量)〉＝〈合計〉の式にあてはめます。

38 単位量あたりの大きさ 平均③

▶▶▶本さつ41ページ

1 [式] 6×700＝4200
(1m²の平均　広さ　合計)

[答え] 4200kg

2 [式] 35×36＝1260
(1人の平均　人数　合計)

[答え] 1260kg

3 [式] 0.86×50＝43
(1人の平均　人数　合計)

[答え] 43台

4 [式] 4.875×12＝58.5
(1人1か月の平均　月数　合計)

[答え] 58.5kg

ポイント

平均(へいきん)から全体の量を予想します。平均は，1m²あたり，1人あたりなど，単位量あたりの大きさになります。〈平均〉×〈量〉＝〈全体の量〉の関係です。

39 単位量あたりの大きさ 平均④

▶▶▶本さつ42ページ

1 [式] 2000÷125＝16
(全体の重さ　1個の平均の重さ　個数)

[答え] 16個(こ)

2 [式] 1200÷80＝15
(全体の量　1つ分の平均の量　本数)

[答え] 15本

ポイント

全体の量〈合計〉と平均から個数を求める問題です。
〈合計〉÷〈個数〉＝〈平均(へいきん)〉ですから，個数は〈全体の量〉÷〈平均〉で求めることができます。
1 では，単位をgにそろえて計算します。

40 単位量あたりの大きさ 平均④

▶▶▶本さつ43ページ

1 [式] 150÷7.5＝20
(全体の重さ　平均の重さ　まい数)

[答え] 20まい

2 [式] 1200÷0.64＝1875
(全体の道のり　1歩の平均の長さ　歩数)

[答え] 1875歩

ポイント

39と同じように，全体の量と平均(へいきん)から個数(こ)を求める問題です。小数のわり算になるので，計算ミスをしないように気をつけましょう。
〈平均〉×〈答え〉で，〈全体の量〉になっているか確(たし)かめましょう。

41 単位量あたりの大きさ 平均④

▶▶▶本さつ44ページ

1 [式] 60×30÷25＝72
(全体の量　平均　日数)

[答え] 72日

2 [式] 2600÷52＝50
(全体の量　平均　個数)

[答え] 50個(こ)

3 [式] 600÷1.2＝500
(全体の量　平均　量)

[答え] 500g

4 [式] 20000÷400＝50
(全体の量　平均　日数)

[答え] 50日

ポイント

〈全体の量〉÷〈平均(へいきん)〉で日数や個数を求めます。
1，**2**，**4** では，単位をそろえることに気をつけましょう。

42 単位量あたりの大きさ 単位量あたりの大きさ①

理解

▶▶▶本さつ45ページ

1 [式] A(エー)…10÷8＝1.25
B(ビー)…12÷8＝1.5
C(シー)…12÷10＝1.2
(うさぎの数　面積　1m²あたりの数)

[答え] B校

ポイント

混(こ)みぐあいの比(くら)べ方は，次の2通りあります。
[1] 1m²あたりの数で比べる → 数が多いほうが混んでいる。
[2] 1ぴきあたりの面積で比べる → 面積がせまいほうが混んでいる。
どちらで比べても答えは同じですが，[1] 1m²あたりの数で比べたほうがわかりやすいでしょう。
1 では，1m²あたりのうさぎの数がいちばん多いB校がいちばん混んでいます。

43 単位量あたりの大きさ 単位量あたりの大きさ① 理解

▶▶▶本さつ46ページ

1 [式] A（エー）…78.4÷24＝3.2……

B（ビー）…67.6÷18＝3.7……
（とれたじゃがいもの量 ÷ 面積 ＝ $1m^2$あたりの量）

[答え] Bの畑

2 [式] A…450÷8＝56.25

B…650÷12＝54.……
（ねだん ÷ 本数 ＝ 1本のねだん）

[答え] 色えん筆A

ポイント

1 では，$1m^2$あたりでとれた量で比（くら）べます。
2 では，1本あたりのねだんで比べます。わり算でわり切れないときは，大小が比べられる位まで答えを求めます。

44 単位量あたりの大きさ 単位量あたりの大きさ①

▶▶▶本さつ47ページ

1 [式] 前…632÷4＝158

後…972÷6＝162
（人数 ÷ 両数 ＝ 1両あたりの人数）

[答え] 後ろ6両

2 [式] A…10÷8＝1.25

B…13÷10＝1.3
（人数 ÷ 面積 ＝ $1m^2$あたりの人数）

[答え] B公園

3 [式] 赤…360÷4.5＝80

青…546÷6.5＝84
（代金 ÷ 長さ ＝ 1mあたりのねだん）

[答え] 青のリボン

4 [式] A…20÷8＝2.5

B…18.2÷6.5＝2.8
（重さ ÷ 広さ ＝ $1m^2$あたりの重さ）

[答え] Bの板

ポイント

1 は，1両あたりの乗車人数で比（くら）べます。
2 は，$1m^2$あたりで遊んでいる人数で比べます。
3 は，1mあたりのねだんで比べます。
4 は，$1m^2$あたりの重さで比べます。
どれも，答えの数の大きいほうを答えます。

45 単位量あたりの大きさ 単位量あたりの大きさ② 理解

▶▶▶本さつ48ページ

1 [式] 16.8÷7＝2.4
（使った重さ ÷ 1mの重さ ＝ 使った長さ）

[答え] 2.4m

2 [式] 8×0.8＝6.4
（1mの重さ × 使った長さ ＝ 全体の重さ）

[答え] 6.4g

ポイント

1 は，全体の重さと，単位量あたりの重さから，使った量を求める問題です。
〈全体の重さ〉÷〈単位量あたりの重さ〉で，使った長さを求めます。

46 単位量あたりの大きさ 単位量あたりの大きさ② 理解

▶▶▶本さつ49ページ

1 [式] 4.5÷2.5＝1.8
（使った重さ ÷ $1m^2$の重さ ＝ 使った広さ）

[答え] $1.8m^2$

2 [式] 1.4×6.2＝8.68
（1dLでぬることができる面積 × 使った量 ＝ 全体の面積）

[答え] $8.68m^2$

ポイント

2 は，単位量あたりの大きさから，全体を求める問題です。重さや広さなど，実際（じっさい）に測（はか）ることがむずかしい場合に応用（おうよう）することができます。

47 単位量あたりの大きさ 単位量あたりの大きさ②

▶▶▶本さつ50ページ

1 [式] 180÷450＝0.4
（代金 ÷ 1mのねだん ＝ 長さ）

[答え] 0.4m

2 [式] 1890÷70＝27
（全体量 ÷ 1分間の量 ＝ 時間）

[答え] 27分間

3 (1) [式] 540÷1.2＝450
（全体の重さ ÷ $1cm^3$の重さ ＝ 使った量）

[答え] $450cm^3$

(2) [式] 1.2×650＝780
（$1cm^3$の重さ × 使う量 ＝ 全体の重さ）

[答え] 780g

ポイント

1 は，450×〈買った長さ〉＝180から，
〈買った長さ〉＝180÷450になります。
2 は，70×〈使った時間〉＝1890から，
〈使った時間〉＝1890÷70になります。
3 (1)は，1.2×〈使った量〉＝540から，
〈使った量〉＝540÷1.2になります。

48 単位量あたりの大きさのまとめ 今日のごはんは何かな？

▶▶▶本さつ51ページ

49 速さ 速さを求める

▶▶▶本さつ52ページ

1 ［式］ 100÷2＝50（道のり 時間 速さ）

［答え］（時速）50(km)

2 ［式］ 40÷20＝2（道のり 時間 速さ）

［答え］（分速）2(km)

ポイント

〈速さ〉＝〈道のり〉÷〈時間〉をまずは覚えましょう。式の中で道のりと時間を逆にしたりしないよう注意します。

50 速さ 速さを求める

▶▶▶本さつ53ページ

1 ［式］ 50×60＝3000（分速 1時間 時速(m)）

［答え］（時速）3(km)

2 ［式］ 36000÷60＝600（時速(m) 1時間 分速(m)）
600÷60＝10（分速(m) 1分間 秒速(m)）

［答え］（秒速）10(m)

3 ［式］ 20×60＝1200（秒速(m) 1分間 分速(m)）
1200×60＝72000（分速(m) 1時間 時速(m)）

［答え］（時速）72(km)

ポイント

1分＝60秒，1時間＝60分です。求めるのが秒速，分速，時速のうちどれにあたるのかをしっかりと確にんしましょう。また，長さの単位にも注意します。
1 3000m＝3kmです。
2 36km＝36000mです。
3 72000m＝72kmです。

51 速さ 速さを求める

▶▶▶本さつ54ページ

1 ［式］ 123÷3＝41

［答え］時速41km

2 ［式］ 48÷4＝12

［答え］時速12km

3 ［式］ 60×60＝3600（時速(m)）

［答え］時速3.6km

4 ［式］ 216÷6＝36（時速(km)）
36000÷60＝600（分速(m)）
600÷60＝10（秒速(m)）

［答え］秒速10m

ポイント

4 36km＝36000mです。

52 速さ 道のりを求める

▶▶▶本さつ55ページ

1 [式] 50×3=150
時速　時間　道のり

[答え] 150(km)

2 [式] 150×60=9000
分速　1時間　1時間で進む道のり

[答え] 9000(m)

ポイント

〈道のり〉=〈速さ〉×〈時間〉です。速さを求めるときと同じように速さ，時間をしっかりとおさえます。この公式は，速さを求める公式から作ることができることも確(かく)にんしましょう。

53 速さ 道のりを求める

▶▶▶本さつ56ページ

1 [式] 64×3=192

[答え] 192km

2 [式] 6×25=150

[答え] 150m

3 [式] 250×60=15000
1分間に飛ぶ道のり(m)

15×60=900
1分間に飛ぶ道のり(km)　1時間に飛ぶ道のり(km)

900×2=1800

[答え] 1800km

4 [式] 60×0.6=36

200×36=7200

[答え] 7.2km

ポイント

3 15000m=15kmです。

54 速さ 時間を求める

▶▶▶本さつ57ページ

1 [式] 15÷5=3
道のり　速さ　時間

[答え] 3(時間)

2 [式] 900÷60=15
道のり　速さ　時間

[答え] 15(分)

ポイント

〈時間〉=〈道のり〉÷〈速さ〉で求めることができます。公式をまずはおさえましょう。この公式は，速さを求める公式から作ることができます。

55 速さ 時間を求める

▶▶▶本さつ58ページ

1 [式] 16÷4=4

[答え] 4時間

2 [式] 4380÷60=73

[答え] 73秒

3 [式] 1.5×60=90　7560÷90=84

[答え] 84分

4 [式] 920÷8=115

[答え] 1時間55分

ポイント

3 7.56km=7560mです。
4 115分=1時間55分です。

56 速さのまとめ あみだゲーム

▶▶▶本さつ59ページ

57 分数と小数 分数倍

理解

▶▶▶本さつ60ページ

1 [式] $9 \div 7 = \frac{9}{7}$（9：比べられる量，7：もとにする量，$\frac{9}{7}$：何倍）

[答え] $\frac{9}{7}\left(1\frac{2}{7}\right)$倍

2 [式] $13 \div 6 = \frac{13}{6}$（13：比べられる量，6：もとにする量，$\frac{13}{6}$：何倍）

[答え] $\frac{13}{6}\left(2\frac{1}{6}\right)$倍

ポイント

何倍かを求めて小数で答える問題は，❺～❽で勉強しました。ここでは，小数では正確(せいかく)に表すことができない場合をあつかっています。

〈何倍〉=〈比(くら)べられる量〉÷〈もとにする量〉で，

わり切れない場合は，分数$\left(\frac{\text{比べられる量}}{\text{もとにする量}}\right)$で答えましょう。

58 分数と小数 分数倍

▶▶▶本さつ61ページ

1 [式] $7 \div 10 = \frac{7}{10} = 0.7$（7：比べられる量，10：もとにする量，$\frac{7}{10}$：何倍）

[答え] 分数…$\frac{7}{10}$倍，小数…0.7倍

2 [式] $9 \div 12 = \frac{9}{12} = 0.75$（9：比べられる量，12：もとにする量，$\frac{9}{12}$：何倍）

[答え] 分数…$\frac{9}{12}\left(\frac{3}{4}\right)$倍，小数…0.75倍

ポイント

何倍かを分数と小数で表す問題です。

分数を小数になおすには， $\frac{●}{■}$=●÷■ を計算します。

59 分数と小数 分数倍

▶▶▶本さつ62ページ

1 (1) [式] $5 \div 3 = \frac{5}{3}$（5：比べられる量，3：もとにする量，$\frac{5}{3}$：何倍）

[答え] $\frac{5}{3}\left(1\frac{2}{3}\right)$倍

(2) [式] $4 \div 3 = \frac{4}{3}$（4：比べられる量，3：もとにする量，$\frac{4}{3}$：何倍）

[答え] $\frac{4}{3}\left(1\frac{1}{3}\right)$倍

(3) [式] $5 \div 4 = \frac{5}{4} = 1.25$（5：比べられる量，4：もとにする量，$\frac{5}{4}$：何倍）

[答え] 分数…$\frac{5}{4}\left(1\frac{1}{4}\right)$倍，小数…1.25倍

(4) [式] $3 \div 4 = \frac{3}{4} = 0.75$（3：比べられる量，4：もとにする量，$\frac{3}{4}$：何倍）

[答え] 分数…$\frac{3}{4}$倍，小数…0.75倍

ポイント

〈何倍〉=〈比(くら)べられる量〉÷〈もとにする量〉

$=\frac{\text{比べられる量}}{\text{もとにする量}}$

で求めます。何が〈もとにする量〉になるのかを，しっかり見きわめましょう。

60 分数と小数 分数倍

本さつ63ページ

1 (1) [式] $8 \div 7 = \frac{8}{7}$ (8：比べられる量、7：もとにする量、$\frac{8}{7}$：何倍)

[答え] $\frac{8}{7}\left(1\frac{1}{7}\right)$倍

(2) [式] $5 \div 8 = \frac{5}{8} = 0.625$ (5：比べられる量、8：もとにする量、$\frac{5}{8}$：何倍)

[答え] $\frac{5}{8}$倍(0.625倍)

(3) [式] $7 \div 8 = \frac{7}{8} = 0.875$ (7：比べられる量、8：もとにする量、$\frac{7}{8}$：何倍)

[答え] $\frac{7}{8}$倍(0.875倍)

(4) [式] $7 \div 5 = \frac{7}{5} = 1.4$ (7：比べられる量、5：もとにする量、$\frac{7}{5}$：何倍)

[答え] $\frac{7}{5}\left(1\frac{2}{5}\right)$倍(1.4倍)

ポイント

「○は□の何倍ですか。」→ ○が比(くら)べられる量，□がもとにする量です。何倍かを表す数は，○÷□で求めます。分母が2，(2×2＝)4，5，(2×2×2＝)8，(5×2＝)10，(2×2×2×2＝)16，(5×2×2＝)20，(5×5＝)25，……などの分数は，小数になおすことができます。

61 分数と小数 分数と小数

本さつ64ページ

1 (1) [式] $9 \div 5 = \frac{9}{5} = 1.8$ (9：全体の長さ、5：分ける人数、$\frac{9}{5}$：1人分)

[答え] 分数…$\frac{9}{5}\left(1\frac{4}{5}\right)$m，小数…1.8m

(2) [式] $9 \div 12 = \frac{9}{12} = 0.75$ (9：全体の長さ、12：分ける人数、$\frac{9}{12}$：1人分)

[答え] 分数…$\frac{9}{12}\left(\frac{3}{4}\right)$m，小数…0.75m

ポイント

等しい長さに分けるので，わり算になります。商を分数と小数で表し，分数と小数の関係を確(かく)にんしましょう。

62 分数と小数 分数と小数

本さつ65ページ

1 [式] $4 \div 5 = 0.8$ (4：分子、5：分母)

[答え] ピンクのリボンが長い。

2 [式] $7 \div 4 = 1.75$ (7：分子、4：分母)

[答え] Bの箱が重い。

ポイント

分数で表された量と，小数で表された量を比(くら)べて答える問題です。分母が5や4の分数は，正確(せいかく)な小数で表すことができるので，ここでは分数を小数になおして比べましょう。

63 分数と小数 分数と小数

本さつ66ページ

1 [式] $2200 \div 16 = \frac{2200}{16} = 137.5$ (2200：全体の量、16：人数、$\frac{2200}{16}$：1人分)

[答え] 分数…$\frac{2200}{16}\left(137\frac{8}{16}，137\frac{1}{2}，\frac{275}{2}\right)$mL，小数…137.5mL

2 [式] $6 \div 8 = \frac{6}{8} = 0.75$ (6：全体の量、8：人数、$\frac{6}{8}$：1人分)

[答え] 分数…$\frac{6}{8}\left(\frac{3}{4}\right)$km，小数…0.75km

3 [式] えりかさん…$7 \div 8 = 0.875$ (7：分子、8：分母)

[答え] まきさん

4 [式] 家から学校まで…$21 \div 5 = 4.2$ (21：分子、5：分母)

[答え] 駅

ポイント

1～**4**はどれも，正確(せいかく)な小数になおすことができます。〈分子〉÷〈分母〉で小数になおして，大きさを比(くら)べましょう。
3では，大きさを比べればよいので，小数第一位の0.8までの計算で答えがわかります。

64 分数と小数のまとめ どこから飛んできたのかな？

▶▶▶本さつ67ページ

65 分数のたし算とひき算 分数のたし算，ひき算① 理解

▶▶▶本さつ68ページ

1 ［式］ $\frac{1}{4}+\frac{1}{6}=\frac{3}{12}+\frac{2}{12}=\frac{5}{12}$

（$\frac{1}{4}$：昨日読んだ量，$\frac{1}{6}$：今日読んだ量，$\frac{5}{12}$：2日間で読んだ量）

［答え］ $\frac{5}{12}$

ポイント

全体の$\frac{1}{4}$と全体の$\frac{1}{6}$をあわせると，全体の何分のいくつになるかを求めます。

分母の4と6の最小公倍数で通分して，分子をたします。

$\frac{5}{12}$

$\frac{1}{4}=\frac{3}{12}$　$\frac{1}{6}=\frac{2}{12}$

66 分数のたし算とひき算 分数のたし算，ひき算① 理解

▶▶▶本さつ69ページ

1 ［式］ $\frac{2}{3}+\frac{3}{4}=\frac{8}{12}+\frac{9}{12}=\frac{17}{12}$

（$\frac{2}{3}$：赤いリボンの長さ，$\frac{3}{4}$：青いリボンの長さ，$\frac{17}{12}$：あわせた長さ）

［答え］ $\frac{17}{12}\left(1\frac{5}{12}\right)$m

2 ［式］ $1\frac{1}{4}+2\frac{3}{8}=1\frac{2}{8}+2\frac{3}{8}=3\frac{5}{8}$

（$1\frac{1}{4}$：オレンジジュースの量，$2\frac{3}{8}$：バナナジュースの量，$3\frac{5}{8}$：あわせた量）

［答え］ $3\frac{5}{8}$L

ポイント

分母がことなる分数で表された2つの量の和を求める問題です。分母の最小公倍数で通分しましょう。

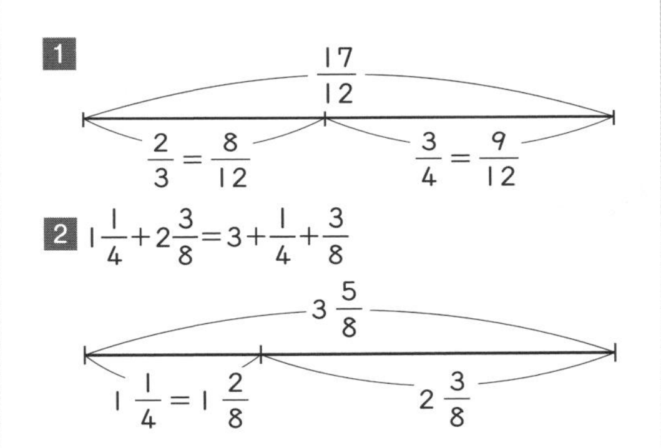

67 分数のたし算とひき算 分数のたし算，ひき算① 練習

▶▶▶本さつ70ページ

1 [式] $\frac{1}{6}+\frac{2}{9}=\frac{3}{18}+\frac{4}{18}=\frac{7}{18}$

（おかし　本　あわせた量）

[答え] $\frac{7}{18}$

2 [式] $\frac{3}{4}+\frac{3}{5}=\frac{15}{20}+\frac{12}{20}=\frac{27}{20}$

（大きいポットの量　小さいポットの量　あわせた量）

[答え] $\frac{27}{20}\left(1\frac{7}{20}\right)$L

3 [式] $\frac{2}{5}+3\frac{1}{4}=\frac{8}{20}+3\frac{5}{20}=3\frac{13}{20}$

（子ねこの重さ　親ねこの重さ　あわせた重さ）

[答え] $3\frac{13}{20}$kg

4 [式] $1\frac{1}{3}+2\frac{2}{5}=1\frac{5}{15}+2\frac{6}{15}=3\frac{11}{15}$

（赤の長さ　青の長さ　あわせた長さ）

[答え] $3\frac{11}{15}$m

ポイント

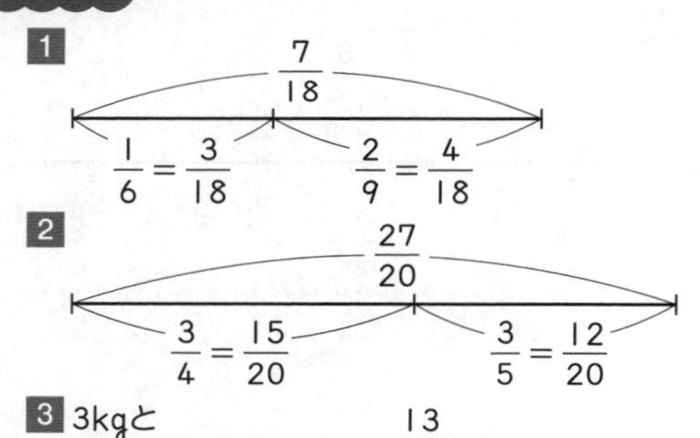

4 3mと $\frac{11}{15}$　$\frac{1}{3}=\frac{5}{15}$　$\frac{2}{5}=\frac{6}{15}$

2 は小数で表すと，0.75＋0.6＝1.35，**3** は小数で表すと，0.4＋3.25＝3.65となります。この問題では問題文が分数だけで表されているので，分数で答えるのがよいでしょう。
3，**4** は，整数部分どうし，分数部分どうしをたしましょう。

68 分数のたし算とひき算 分数のたし算，ひき算② 理解

▶▶▶本さつ71ページ

1 [式] $\frac{4}{5}-\frac{2}{3}=\frac{12}{15}-\frac{10}{15}=\frac{2}{15}$

（赤の長さ　青の長さ　長さのちがい）

[答え] $\frac{2}{15}$m

ポイント

分母のことなる分数で表された2つの量のちがいを，通分して計算し，1つの分数で表します。

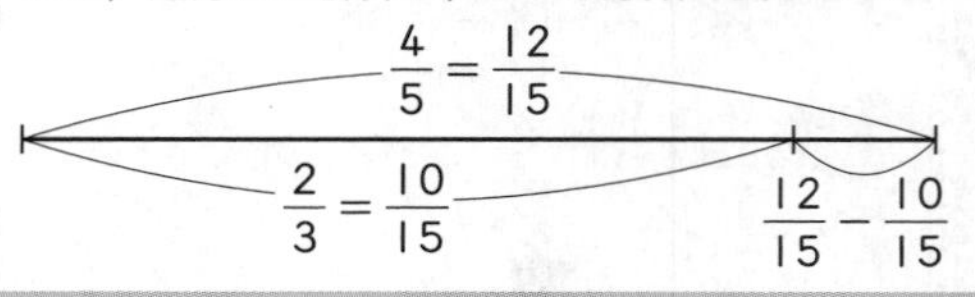

69 分数のたし算とひき算 分数のたし算，ひき算② 理解

▶▶▶本さつ72ページ

1 [式] $1\frac{1}{8}-\frac{3}{4}=\frac{9}{8}-\frac{6}{8}=\frac{3}{8}$

（大きいポットの量　小さいポットの量　量のちがい）

[答え] $\frac{3}{8}$L

2 [式] $3\frac{1}{6}-1\frac{3}{4}=2\frac{14}{12}-1\frac{9}{12}=1\frac{5}{12}$

（りんごの量　みかんの量　量のちがい）

[答え] りんごが$1\frac{5}{12}$kg多い。

ポイント

帯分数をふくむ，分母のことなる分数で表された2つの量の差を求めます。分数部分のひき算ができないときは，整数部分の1を分数になおして分数部分にたし，仮分数（かぶんすう）にして計算しましょう。

70 分数のたし算とひき算 分数のたし算，ひき算② 練習

▶▶▶本さつ73ページ

1 [式] $\frac{5}{8}-\frac{1}{3}=\frac{15}{24}-\frac{8}{24}=\frac{7}{24}$

（全体の量　使った量　残り）

[答え] $\frac{7}{24}$m

2 ［式］ $1\frac{1}{2}-\frac{4}{5}=1\frac{5}{10}-\frac{8}{10}=\frac{15}{10}-\frac{8}{10}=\frac{7}{10}$
全体の量　飲んだ量　残り

［答え］ $\frac{7}{10}$L

3 ［式］ $1\frac{1}{2}-\frac{7}{6}=1\frac{3}{6}-1\frac{1}{6}=\frac{2}{6}=\frac{1}{3}$

［答え］ さくらさんの家が$\frac{1}{3}$km学校に近い。

4 ［式］ $8\frac{3}{5}-6\frac{3}{4}=8\frac{12}{20}-6\frac{15}{20}=7\frac{32}{20}-6\frac{15}{20}$
A小学校　B小学校

$=1\frac{17}{20}$
ちがい

［答え］ $1\frac{17}{20}m^2$

ポイント

どちらの分数が大きいかわからないときは，通分して大きさを確(たし)かめてから式を立てましょう。小さい数から大きい数をひく式にならないように注意しましょう。

3 で，$1\frac{1}{2}-\frac{7}{6}$ は，$1\frac{1}{2}-1\frac{1}{6}=\frac{1}{2}-\frac{1}{6}=\frac{3}{6}-\frac{1}{6}=\frac{2}{6}=\frac{1}{3}$ のように計算することもできます。

答えが約分できるときは，約分して答えましょう。

71 分数のたし算とひき算 分数のたし算，ひき算③ 理解

▶▶▶本さつ74ページ

1 ［式］ $\frac{2}{3}+\frac{3}{5}-\frac{3}{4}=\frac{40}{60}+\frac{36}{60}-\frac{45}{60}=\frac{31}{60}$
はじめの量　増えた量　減った量　残り

［答え］ $\frac{31}{60}$kg

ポイント

3つの分数の，たし算とひき算がまじった計算になります。たすのか，ひくのかをしっかりと見きわめて式を立てましょう。3つとも分母がことなるので，3つの分母の最小公倍数で通分します。

はじめの量 $\frac{2}{3}=\frac{40}{60}$　増(ふ)えた量 $\frac{3}{5}=\frac{36}{60}$

$\frac{3}{4}=\frac{45}{60}$ 減(へ)った量　$\frac{40}{60}+\frac{36}{60}-\frac{45}{60}$ 残り

72 分数のたし算とひき算 分数のたし算，ひき算③ 理解

▶▶▶本さつ75ページ

1 ［式］ $1.5-\frac{2}{5}=\frac{15}{10}-\frac{4}{10}=\frac{11}{10}$
もとの量　飲んだ量　残り

［答え］ $\frac{11}{10}\left(1\frac{1}{10},\ 1.1\right)$L

2 ［式］ $3.2-\frac{1}{3}-0.8=\frac{96}{30}-\frac{10}{30}-\frac{24}{30}=\frac{62}{30}$
もとの量　減った量　減った量

$=\frac{31}{15}$
残り

［答え］ $\frac{31}{15}\left(2\frac{1}{15}\right)$m

ポイント

1，**2** とも分数と小数がまじった計算になります。

1 では，$\frac{2}{5}$は0.4と簡単な小数で表すことができるので，$1.5-0.4=1.1$ としてもよいでしょう。ただし，小数はできるだけ分数になおして計算するようにしましょう。

2 では，3.2から2つの量をひくので，先に0.8をひいて，$3.2-0.8-\frac{1}{3}=2.4-\frac{1}{3}=\frac{24}{10}-\frac{1}{3}=\frac{12}{5}-\frac{1}{3}=\frac{36}{15}-\frac{5}{15}=\frac{31}{15}$ としてもよいでしょう。計算しやすい方法を考えましょう。

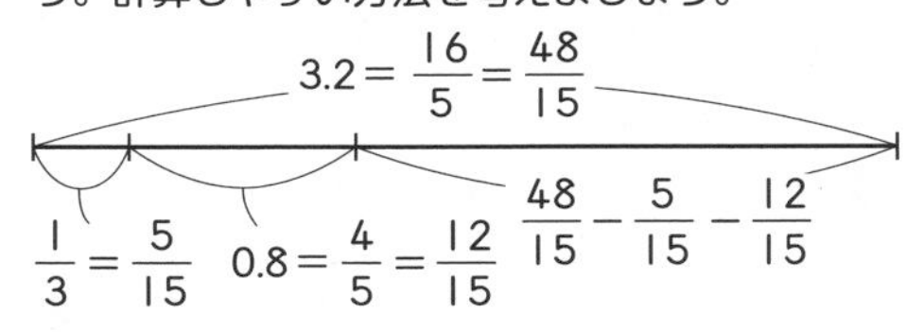

73 分数のたし算とひき算 分数のたし算，ひき算③ 練習

▶▶▶本さつ76ページ

1 ［式］ $\frac{1}{3}+0.8=\frac{1}{3}+\frac{8}{10}=\frac{5}{15}+\frac{12}{15}=\frac{17}{15}$ （$\frac{8}{10}$ を $\frac{4}{5}$ に約分）
走った道のり　歩いた道のり　学校までの道のり

［答え］ $\frac{17}{15}\left(1\frac{2}{15}\right)$km

2 ［式］ $2.4-\frac{4}{5}=\frac{24}{10}-\frac{4}{5}=\frac{8}{5}$ （$\frac{24}{10}$ を $\frac{12}{5}$ に約分）
ジュースの量　水の量　ぶどうのしぼりじるの量

［答え］ $\frac{8}{5}\left(1\frac{3}{5}\right)$L

3 [式] $\frac{1}{4}+0.7+0.6=\frac{1}{4}+\frac{7}{10}+\frac{6}{10}$

（皿の重さ　りんごの重さ　バナナの重さ）

$=\frac{5}{20}+\frac{14}{20}+\frac{12}{20}=\frac{31}{20}$（全体の重さ）

[答え] $\frac{31}{20}\left(1\frac{11}{20}\right)$kg

4 [式] $5.8-\frac{1}{5}-\frac{1}{3}=5\frac{8}{10}-\frac{1}{5}-\frac{1}{3}$

（すいかの重さ　食べた重さ　食べた重さ）

$=5\frac{12}{15}-\frac{3}{15}-\frac{5}{15}=5\frac{4}{15}$

[答え] $5\frac{4}{15}$kg

ポイント

1

家　走った　歩いた　学校　$\frac{17}{15}$

$\frac{1}{3}=\frac{5}{15}$　$0.8=\frac{12}{15}$

2

$2.4=\frac{12}{5}$

ぶどうのしる $\frac{12}{5}-\frac{4}{5}$　水 $\frac{4}{5}$

$\frac{4}{5}=0.8$ なので，$2.4-0.8=1.6$ としてもよいでしょう。

3

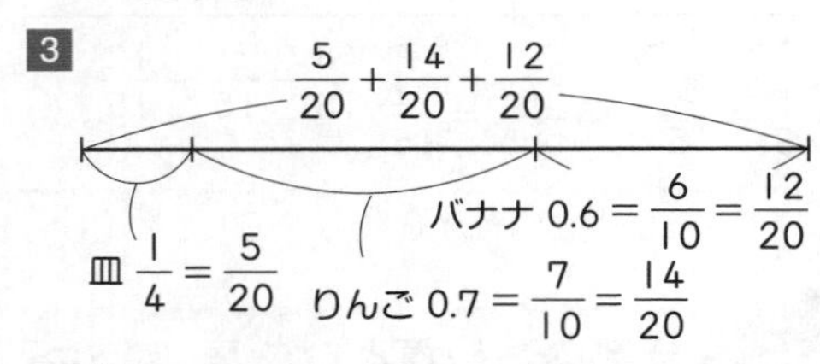

$\frac{5}{20}+\frac{14}{20}+\frac{12}{20}$

皿 $\frac{1}{4}=\frac{5}{20}$　りんご $0.7=\frac{7}{10}=\frac{14}{20}$　バナナ $0.6=\frac{6}{10}=\frac{12}{20}$

$\frac{1}{4}=0.25$ なので，$0.25+0.7+0.6=1.55$ としてもよいでしょう。

4

$\frac{1}{5}=\frac{3}{15}$　$\frac{1}{3}=\frac{5}{15}$　$\frac{12}{15}-\frac{3}{15}-\frac{5}{15}$

5と　$0.8=\frac{4}{5}=\frac{12}{15}$

74 分数のたし算とひき算のまとめ ごほうびは何かな？

▶▶▶本さつ77ページ

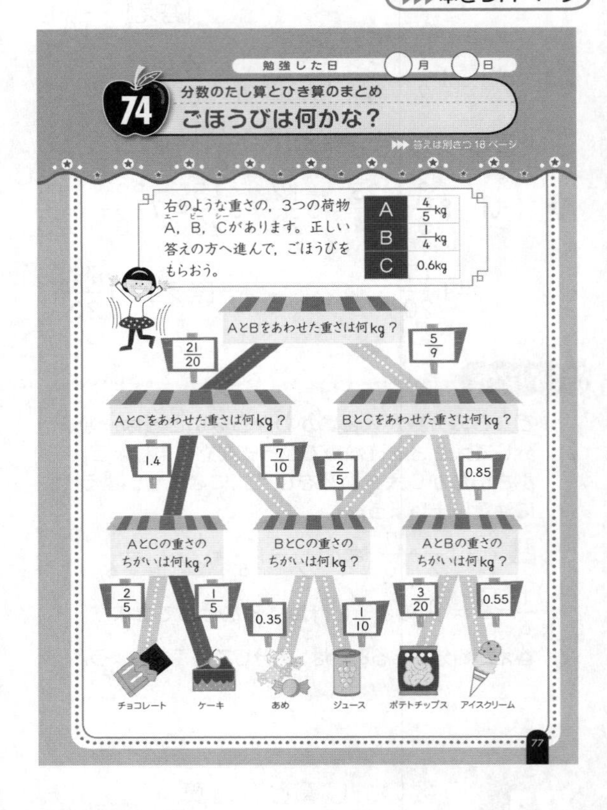

75 百分率 割合①

▶▶▶本さつ78ページ

1 [式] $5\div8=0.625$

（比べられる量　もとにする量　割合）

[答え] 0.625

2 [式] $120\div80=1.5$

（比べられる量　もとにする量　割合）

[答え] 1.5

ポイント

割合（わりあい）は，もとにする量を1としたとき，比べ（くら）られる量がいくつにあたるかを表しています。

〈割合〉=〈比べられる量〉÷〈もとにする量〉で求めることができます。

1 では，8を1としたとき，5は0.625にあたることを意味します。2 では，80を1としたとき，120は1.5にあたることを意味します。

ここがニガテ

比べられる量がもとにする量より小さい場合，割合は1より小さくなり，比べられる量がもとにする量より大きい場合は，1より大きくなります。

76 百分率 割合①

本さつ79ページ

1 [式] 420÷500＝0.84（420：比べられる量、500：もとにする量、0.84：割合）

[答え] 0.84

2 [式] 42÷35＝1.2（42：比べられる量、35：もとにする量、1.2：割合）

[答え] 1.2

ポイント

〈割合〉＝〈比べられる量〉÷〈もとにする量〉で求めます。わる数と，わられる数をまちがえないようにしましょう。

77 百分率 割合①

本さつ80ページ

1 [式] 36÷45＝0.8（36：比べられる量、45：もとにする量、0.8：割合）

[答え] 0.8

2 [式] 24÷800＝0.03（24：比べられる量、800：もとにする量、0.03：割合）

[答え] 0.03

3 [式] 175÷140＝1.25（175：比べられる量、140：もとにする量、1.25：割合）

[答え] 1.25

4 [式] 5460÷3900＝1.4（5460：比べられる量、3900：もとにする量、1.4：割合）

[答え] 1.4

ポイント

1 45人 / 36人 / □

45×□＝36 です。

2 800g / 24g / □

800×□＝24 です。

3 175cm / 140cm / □

140×□＝175 です。

4 5460円 / 3900円 / □

3900×□＝5460 です。

78 百分率 割合②

本さつ81ページ

1 [式] 63÷90＝0.7（63：比べられる量、90：もとにする量、0.7：割合）

0.7×100＝70

[答え] 70%

2 [式] 4÷32＝0.125（4：比べられる量、32：もとにする量、0.125：割合）

0.125×100＝12.5

[答え] 12.5%

ポイント

百分率は，1を100%で表した割合です。
0.01＝1%，0.1＝10%です。百分率は，
〈比べられる量〉÷〈もとにする量〉×100
（〈比べられる量〉÷〈もとにする量〉：小数で表した割合）
で求めます。比べられる量がもとにする量より小さければ，100%より小さくなり，もとにする量より大きければ，100%より大きくなります。

79 百分率 割合②

本さつ82ページ

1 [式] 168÷140＝1.2（168：比べられる量、140：もとにする量、1.2：割合） 1.2×100＝120

[答え] 120%

2 [式] 6÷500＝0.012（6：比べられる量、500：もとにする量、0.012：割合） 0.012×100＝1.2

[答え] 1.2%

ポイント

1 は，比べられる量がもとにする量より大きいので，割合（百分率）は100%より大きくなります。
2 0.01＝1%，0.002＝0.2%です。

80 百分率 割合②

本さつ83ページ

1 [式] 63÷180=0.35
比べられる量 もとにする量 割合
[答え] 35%

2 [式] 750÷1200=0.625
比べられる量 もとにする量 割合
[答え] 62.5%

3 [式] 1680÷1200=1.4
比べられる量 もとにする量 割合
[答え] 140%

4 [式] 10 ÷ 8 = 1.25
比べられる量 もとにする量 割合
[答え] 125%

ポイント

百分率(%)で答える問題なので,
〈比べられる量〉÷〈もとにする量〉
で求めた小数に100をかけます。
1 63ページが180ページの何%にあたるか,つまり,180を100とみたとき,63はいくつにあたるかを求めます。
2 750円が1200円の何%にあたるかを求めます。
3, 4 では,比べられる量がもとにする量より大きいので,割合(百分率)は100%より大きくなります。比べられる量,もとにする量が何かを,しっかり見きわめましょう。

81 百分率 割合③

本さつ84ページ

1 [式] 800×0.8=640
もとにする量 割合 比べられる量
[答え] 640mL

2 [式] 4200×1.4=5880
もとにする量 割合 比べられる量
[答え] 5880m²

ポイント

もとにする量と割合から,比べられる量を求める問題です。割合は百分率を小数になおして,
〈もとにする量〉×〈小数になおした割合〉
で求めます。
1 80%=0.8 です。
2 140%=1.4 です。

82 百分率 割合③

本さつ85ページ

1 [式] 420×0.05=21
もとにする量 割合 比べられる量
[答え] 21ページ

2 [式] 30×3.2=96
もとにする量 割合 比べられる量
[答え] 96cm

ポイント

1 5%=0.05 ですから,もとにする量に0.05をかけて求めます。
2 320%=3.2 ですから,もとにする量に3.2をかけて求めます。

83 百分率 割合③

本さつ86ページ

1 [式] 3500×0.84=2940
もとにする量 割合 比べられる量
[答え] 2940円

2 [式] 420×0.45=189
もとにする量 割合 比べられる量
[答え] 189人

3 [式] 50×0.02=1
もとにする量 割合 比べられる量
[答え] 1g

4 [式] 200×0.015=3
もとにする量 割合 比べられる量
[答え] 3個

ポイント

もとにする量と割合から,比べられる量を求めます。%で表されている割合は,小数になおします。84%=0.84, 45%=0.45, 2%=0.02, 1.5%=0.015 とし,小数点の位置をまちがえないようにしましょう。

84 百分率 割合③

▶▶▶本さつ87ページ

1 [式] 95×1.8＝171
もとにする量　割合　比べられる量
[答え] 171g

2 [式] 45000×1.04＝46800
もとにする量　割合　比べられる量
[答え] 46800個

3 [式] 4×2.4＝9.6
もとにする量　割合　比べられる量
[答え] 9.6m

4 [式] 2.5×3.72＝9.3
もとにする量　割合　比べられる量
[答え] 9.3g

ポイント

100%＝1，10%＝0.1，1%＝0.01 をもとにして，百分率の割合を小数になおします。ここでは，割合が100%より大きいので，求める答えは，もとにする量より大きくなります。

85 百分率 割合④

▶▶▶本さつ88ページ

1 [式] 423÷0.9＝470
比べられる量　割合　もとにする量
[答え] 470人

2 [式] 180÷0.45＝400
比べられる量　割合　もとにする量
[答え] 400m²

ポイント

比べられる量と割合から，もとにする量を求める問題です。
〈もとにする量〉×〈割合〉＝〈比べられる量〉から，〈もとにする量〉＝〈比べられる量〉÷〈割合〉となります。割合は小数になおします。

86 百分率 割合④

▶▶▶本さつ89ページ

1 [式] 5850÷1.3＝4500
比べられる量　割合　もとにする量
[答え] 4500円

2 [式] 322÷1.4＝230
比べられる量　割合　もとにする量
[答え] (およそ)230km

ポイント

比べられる量よりも小さい，もとにする量を求める問題です。
1 〈弟のおこづかい〉×1.3＝〈とおるさんのおこづかい〉の関係です。
2 〈最上川の長さ〉×1.4＝〈利根川の長さ〉の関係です。

87 百分率 割合④

▶▶▶本さつ90ページ

1 [式] 234÷0.65＝360
比べられる量　割合　もとにする量
[答え] 360ページ

2 [式] 120÷0.05＝2400
比べられる量　割合　もとにする量
[答え] 2400mL

3 [式] 18÷0.12＝150
比べられる量　割合　もとにする量
[答え] 150人

4 [式] 7÷0.014＝500
比べられる量　割合　もとにする量
[答え] 500g

ポイント

1 〈本全体のページ数〉×0.65＝234 の関係です。
2 〈冷ぞう庫の牛にゅうの量〉×0.05＝120 の関係です。
3 〈学年の児童数〉×0.12＝18 の関係です。
4 〈ひじきの量〉×0.014＝7 の関係です。
百分率を小数になおしたら，100をかけて，もとの%のあたいと比べて確かめてみましょう。

88 百分率 割合④

▶▶▶本さつ91ページ

1 [式] 56÷1.4＝40
比べられる量　割合　もとにする量
[答え] 40人

2 [式] 400÷1.25＝320
比べられる量　割合　もとにする量
[答え] 320まい

3 [式] 330÷2.2＝150
比べられる量　割合　もとにする量
[答え] 150円

4 [式] 2310÷1.65＝1400
比べられる量　割合　もとにする量
[答え] 1400m²

ポイント

1 〈定員〉×1.4＝56の関係です。
2 〈B(ビー)のまい数〉×1.25＝400の関係です。
3 〈シュークリームのねだん〉×2.2＝330の関係です。
4 〈ゆうきさんの家の畑の面積〉×1.65＝2310の関係です。

89 百分率 割合⑤

▶▶▶本さつ92ページ

1 [式] 1−0.2＝0.8　130×0.8＝104
(130円の割合　引いた割合　20%引きの割合　100%のねだん　20%引きの割合　売りね)
[答え] 104円

2 [式] 1+0.15＝1.15　12000×1.15＝13800
(12000円の割合　増えた割合　15%増えた割合　100%のねだん　15%増えた割合　ね上がりした会費)
[答え] 13800円

ポイント

1 定価(ていか)の20%引きとは，80%(100%−20%)で売るということですから，130円の80%を求めることになります。
2 もとの金額(きんがく)の15%ね上げは，もとの金額の115%(100%＋15%)で売るということですから，12000円の115%を求めることになります。

90 百分率 割合⑤

▶▶▶本さつ93ページ

1 1−0.12＝0.88　440÷0.88＝500
(去年の割合　減った割合　今年の割合　12%減った人数　割合　去年の人数)
[答え] 500人

2 1−0.05＝0.95　380÷0.95＝400
(はじめの割合　あげた割合　残った割合　5%あげた残り　割合　はじめの長さ)
[答え] 400cm

ポイント

1 今年は去年の88%(100%−12%)で，440人が88%にあたります。去年が100%なので，〈今年〉÷88%＝〈去年〉になります。
2 5%をあげた残り95%(100%−5%)が380cmにあたります。はじめの長さが100%です。

91 百分率 割合⑤

▶▶▶本さつ94ページ

1 [式] 1 − 0.15 ＝ 0.85
(学年全体の割合　虫歯のある人の割合　虫歯のない人の割合)
120×0.85＝102
(学年全体　割合　虫歯のない人)
[答え] 102人

2 [式] 1 ＋ 0.35 ＝ 1.35
(仕入れねの割合　利益の割合　定価の割合)
4800×1.35＝6480
(仕入れね　割合　定価)
[答え] 6480円

3 [式] 1 ＋ 0.15 ＝ 1.15
(去年の割合　ね上がりの割合　今年の割合)
2800×1.15＝3220
(去年のねだん　割合　今年のねだん)
[答え] 3220円

4 [式] 1−0.05＝0.95
(定価の割合　ね引きの割合　買いねの割合)
1400×0.95＝1330
(定価　割合　買いね)
[答え] 1330円

ポイント

1 虫歯のない人は，学年の人数120人のうちの，85%(100%−15%)です。
(別解(べっかい)) 虫歯のある人は，120×0.15＝18(人)です。虫歯のない人は，120−18＝102(人)となります。
2 定価(ていか)は仕入れね4800円の135%(100%＋35%)です。
(別解) 利益(りえき)は，4800×0.35＝1680(円)です。定価は，4800＋1680＝6480(円)となります。
3 今年のねだんは，去年の2800円の115%(100%＋15%)です。
(別解) ね上がりした金額は，2800×0.15＝420(円)です。今年のねだんは，2800＋420＝3220(円)となります。
4 買いねは，定価1400円の95%(100%−5%)です。
(別解) ね引き分は，1400×0.05＝70(円)です。買いねは，1400−70＝1330(円)となります。

ここがニガテ

もとにする量(100%のもの)は何か，求める量は，もとにする量より何%大きいのか，または小さいのかを，しっかりと見きわめましょう。
求める量がもとにする量の○%のとき →
〈求める量〉＝〈もとにする量〉×○÷100

92 百分率 割合⑤

▶▶▶本さつ95ページ

1 [式] 1 − 0.25 = 0.75
本のページの割合　残りの割合　読んだ割合

180÷0.75=240
読んだページ　割合　全体

[答え] 240ページ

2 [式] 1−0.02=0.98
仕入れた割合　わった割合　残りの割合

2940÷0.98=3000
残った数　割合　全体

[答え] 3000個

3 [式] 1−0.6=0.4　54÷0.4=135
全体の割合　見た割合　残りの割合　残り　割合　全体

[答え] 135分

4 [式] 32÷0.08=400　400+32=432
食塩の量　割合　水の量　水の量　食塩の量　食塩水の量

[答え] 432g

ポイント

1 読んだ180ページは，本全体の75％(100％−25％)にあたります。
2 残った2940個は，仕入れた数の98％(100％−2％)にあたります。
3 残りの54分は，全体の40％(100％−60％)にあたります。
4 水の量の8％が32gなので，水の量は32÷0.08=400(g)です。
〈食塩水の量〉=〈水の量〉+〈食塩の量〉

ここがニガテ

1～**3** では，もとにする量は全体量です。示されているページ数，個数，時間が，全体の何％かを考えます。
4 では，全体の量は32gの108％(100％+8％)ではないことに気をつけましょう。できた食塩水の量は，
〈塩の量〉+〈水の量〉=32+32÷0.08(g)
となります。

93 百分率のまとめ 弟は何才？

▶▶▶本さつ96ページ